"中央高校基本科研业务费专项资金"（项目编号：31920180081）资助出版

化工安全与环保

王成君　田　华　主编

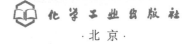

化学工业出版社

·北京·

内容简介

本书着眼于工程教育人才培养，立足现代化工生产特点和发展趋势，结合典型实例，系统、完整地介绍了化工单元操作及工艺过程中的安全生产技术，以及化工生产过程中的环境保护技术。其中，化工安全部分介绍了危险化学品管理及防毒措施、防火防爆及电气安全、特种设备管理及检修、安全评价理论等，重点是危险化学品泄漏的预防和监控；环境保护技术部分则介绍了化工"三废"处理技术、清洁生产技术和环保管理体系等。

本书既可作为化学工程与工艺、安全工程相关专业的教材，也可用作从事化工生产、化工安全、环境保护行业相关人员的参考资料。

图书在版编目（CIP）数据

化工安全与环保 / 王成君，田华主编 . —北京：
化学工业出版社，2022.10
ISBN 978-7-122-42442-6

Ⅰ．①化… Ⅱ．①王…②田… Ⅲ．①化工安全②化
学工业-环境保护 Ⅳ．①TQ086②X78

中国版本图书馆 CIP 数据核字（2022）第 200237 号

责任编辑：彭爱铭
责任校对：王　静 　　　　　　　　　　　　　装帧设计：张　辉

出版发行：化学工业出版社（北京市东城区青年湖南街 13 号　邮政编码 100011）
印　　装：北京科印技术咨询服务有限公司数码印刷分部
710mm×1000mm　1/16　印张 11¼　字数 200 千字　2023 年 3 月北京第 1 版第 1 次印刷

购书咨询：010-64518888 　　　　　　　　　　售后服务：010-64518899
网　　址：http://www.cip.com.cn
凡购买本书，如有缺损质量问题，本社销售中心负责调换。

定　　价：59.00 元 　　　　　　　　　　　　　版权所有　违者必究

前言

近年来，随着对化学工业安全卫生管理及污染防治工作的日益重视，很多企业对于化工安全人才的需求也越来越渴求。现代化学工业除了追求经济利润之外，必须重视加强化学工厂内外的安全与环保管理，才能避免灾害发生，将危害风险及无形之社会损失成本降至最低，达到经营的基本效益。

本书的第一个特点是，以安全工程理论为指导，与化工生产实践密切结合，围绕火灾、爆炸和中毒事故的安全预防，构建了一个比较完整、通用的化工安全技术体系。该体系的主要基础是危险化学品泄漏的预防与监控技术、防毒技术、电气安全技术及特种设备安全管理技术等。该体系的建立使化工安全技术由措施、设施层面上升到技术层面。本书运用化学反应工程的相关理论，讨论了在预防过程中设备的内部安全，研究了如何提高管理及检修的效率问题，这一创新成果成为化工安全技术体系的重要组成部分。

本书的第二个特点是，以化工安全技术为主体，将安全生产、职业健康和环境保护三方面的教育结合为一体。化工企业许多原料、产品等属于危险化学品，既是导致安全事故的危险源，又是危害职工健康的有害因素，还是污染源。从源头抓起，安全生产、职业健康和环境保护三方面的工作关系密切。危险化学品泄漏是造成火灾、爆炸和中毒事故以及职业病和环境污染的重要原因之一，所以危险化学品泄漏的预防与监控技术必然是化工安全技术的重点。上述化工安全技术体系同时是职业性伤害预防技术，可以称为化工安全卫生技术体系。把环境保护与安全生产和职业健康教育结合起来，对于国内化工安全教材而言还是一种尝试。

另外，有关化工安全、职业健康和环境保护方面的法律、法规、标准以及管理方面的知识等，都属于化工专业学生知识结构中的薄弱环节。学习上述知识可以弥补化工专业学生的知识短板，对于化工企业的职工也有较强的实用价值。本书注重用安全工程的概念、理论来分析有关安全技术，适合安全工程专业的学生作为学习资料。

因水平所限，书中不足之处在所难免，敬请读者不吝指正。

编者
2022 年 8 月

目 录
CONTENTS

化工安全与环保

第一章

绪论

化学工业生产过程具有潜在不安全因素较多、危险性和危害性较大的特点。所以，对从事化学工业工作的人员来说，必须认真贯彻执行"安全第一，预防为主"的方针政策，必须重视环境保护的方针政策，通晓并贯彻安全环保技术与管理制度，确保安全生产，保护环境，促进化学工业持续发展，为创建和谐社会而努力。

第一节　化学工业概述

一、化学工业的分类

化学工业的内部分类比较复杂，一般可以分为无机化学工业和有机化学工业两大类。

无机化学工业分为：基本无机化学工业（如无机酸、碱、盐、化学肥料工业）；精细无机化学工业（如稀有元素、无机试剂、药品、催化剂、电子材料、磁性材料、光学记录材料）；金属元素无机化合物化学工业，如矿物颜料工业；电化学工业（如氯碱工业，金属钠、镁、铝的生产）；电热工业（如电石、黄磷的生产）；硅酸盐工业（如水泥、玻璃、陶瓷和耐火材料的生产）等。

有机化学工业分为：基本有机化学工业（以甲烷、一氧化碳、氢、乙烯、丙烯、丁二烯及芳烃为基础原料，合成醇、醛、酸、酮、酯等基本有机合成原料）；精细有机合成工业（包括染料、农药、医药、香料、试剂、纺织及印染助剂、塑料及橡胶添加剂）；高分子化学工业（包括合成树脂与塑料工业、橡胶工业、化学纤维工业、涂料工业）；农产品化学加工工业（包括农作物及其秸秆中的淀粉、油脂、纤维素和半纤维素的化学加工）；燃料化学加工工业（包括煤炭化工，木材化学加工，石油、天然气、油母页岩加工工业）；纤维素化学工业（包括造纸、人造纤维）。石油化工的迅猛发展极大地促进了整个化学工业的发展，改变了化学工业的面貌。据统计，现在 90％以上的有机化学产品来自石油化工。

随着化学工业的发展，跨类的部门层出不穷，人们的衣食住行都离不开化学工业。化学工业在国民经济中的地位日益重要，发展化学工业对于发展经济、巩固国防和改善民生都有重要意义。但是，我国化学工业在安全生产和环境保护等方面也面临严峻的形势。化学工业（以下简称化工）要实现可持续发展，必须以人为本、科学发展，高度重视安全生产、职业健康和环境保护问题。

二、化工生产的特点

化学工业不仅是能源消耗大、废弃物多的产业，也是技术创新快、发展潜力大的产业。归纳起来，化工生产有以下特点。

（1）化工生产使用的原料、半成品和成品种类繁多，绝大部分是易燃、易爆、有毒有害、有腐蚀性的危险化学品。例如：丙酮、氢气、一氧化碳等都是易燃易爆物质。对一些化工生产涉及的原材料、燃料、中间体和成品的储存和运输都有着特殊的要求。

（2）化工生产工艺条件苛刻。有些化学反应在高温、高压下进行；有些反应则要在低温、高真空度下进行。例如：电石、硫酸、合成氨等都是在高温下生产。由轻柴油裂解制乙烯进而生产聚乙烯的生产过程中，轻柴油在裂解炉中的裂解温度为 800℃；裂解气要在深冷（−96℃）条件下进行分离；纯度为 99.99％的乙烯气体要在 294kPa 的压力下聚合，制取聚乙烯树脂。

（3）生产规模大型化。近几十年来，化工生产采用大型生产装置是国际上的明显发展趋势。以化肥为例，20 世纪 50 年代合成氨生产装置的最大规模为 $6 \times 10^4 t/a$，60 年代初为 $1.2 \times 10^5 t/a$，70 年代发展为 $5.4 \times 10^5 t/a$，目前有的可达 $8 \times 10^5 t/a$；乙烯装置的生产能力也从 20 世纪 50 年代的 $1 \times 10^5 t/a$，发展到 70 年代的 $6 \times 10^5 t/a$，目前可达 $1.2 \times 10^6 t/a$。采用大型装置可以显著降低单位产品的建设投资和生产成本，提高劳动生产能力，降低能耗。因此，世界各国都积极发展大型化工生产装置，但大型化也会带来重大的潜在危险。

（4）生产方式高度自动化与连续化。化工生产已经从过去落后的手工操作、间断生产转变为高度自动化、连续化生产；生产设备由敞开式变为密闭式；生产装置从室内走向露天；生产操作由分散控制变为集中控制，同时也由人工手动操作变为仪表自动操作,进而又发展为计算机控制操作。连续化与自动生产是大型化的必然结果,但控制设备也有一定的故障率。据美国石油保险协会统计,控制系统发生故障而造成的炼油厂火灾爆炸事故占同类事故总量的 6.1%。

第二节 化工安全事故特点及管理

一、化工安全事故特点

事故是造成死亡、职业病、伤害、财产损失或其他损失的意外事件。生产经营活动中发生的造成人身伤亡或者直接经济损失的是生产安全事故。化工企业发生的安全事故有多种,其中机械或电气等伤害事故的本质是机械能或电能失控导致的伤害,属于机械或电气安全事故。火灾、爆炸和中毒等事故属于化工安全事故。

化工安全事故不仅可能造成企业财产的巨大损失,而且可能危及职工健康与生命,还可能导致环境污染甚至生态灾难。火灾、爆炸和中毒事故是化工企业最大的危险。据近 30 年的统计,我国化工厂燃爆和中毒事故的死亡人数分别占事故死亡总人数的 13.8% 和 12%,列第一和第二位。化工厂发生的爆炸事故约占各类工业爆炸事故的三分之一,火灾、爆炸事故造成的财产损失约为其他工业部门的 5 倍。

化工安全事故发生后,如果不及时处理,易发生次生事故甚至连环事故。爆炸可能导致火灾,火灾又可能引起爆炸,次生事故或连环事故常常造成巨大损失。例如,设备爆炸事故发生后,产生的碎块能击破其他设备,可能造成易燃易爆或有毒物质的泄漏,引起新的火灾、爆炸及中毒事故。

(1)因果性 事故的起因是在环境系统中,一些不安全因素相互作用、相互影响,到一定的条件下,发生突变,从一些简单的不安全行为酿成了一个安全事故。

(2)偶然性 事故发生的时间、地点、形式、规模和事故后果的严重程度是不确定的。不确定性让人很难把握事故的影响到底有多大。

(3)必然性 危险客观存在,生产、生活过程中必然会发生事故,采取措施预防事故,只能延长发生事故的时间间隔、减小概率,而不能杜绝事故。

(4)潜伏性 事故发生之前存在一个量变过程。一个系统,如果很长时间没有发生事故,并不意味着系统是安全的。当人麻痹的时候,事故就出来了,而且会造成事故扩大化。

（5）突变性　事故一旦发生，往往十分突然，令人措手不及。安全管理一定要有预案，当有突发事件的时候知道如何去应对。

所以，安全管理首先要了解事故发生的特点，然后有针对性地解决。

二、化工安全事故管理

（一）事故致因理论

1. 基本概念

危险是指易于受到损害或伤害的一种状态。

事故是指造成人员死亡、伤害、职业病、财产损失或其他损失的意外事件。

事故隐患泛指生产系统中可导致事故发生的人的不安全行为、物的不安全状态和管理上的缺陷等。

本质安全是指通过设计等手段使生产设备或生产系统本身具有安全性，即使在误操作或发生故障的情况下也不会造成事故。具体包括失误-安全功能和故障-安全功能。

2. 引发事故的四个因素

引发事故的四个因素，包括人的不安全行为、环境的不安全条件、物的不安全状态、管理存在缺陷（图 1-1）。

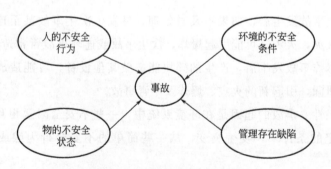

图 1-1　引发事故的基本因素

以上四个因素加在一起就必然会构成一个事故。其中人为的原因造成事故的比例大概占 40%，物的不安全状态、环境的不安全条件而造成的事故大概占 40%，管理存在缺陷的因素占 20%。

3. "海因里希"安全法则

当一个企业有 300 个隐患或违章，必然要发生 29 起轻伤或故障，在这 29 起轻伤事故或故障当中，必然包含有一起重伤、死亡或重大事故。这是美国著名安全工程师海因里希提出的 300：29：1 法则，即"海因里希"安全法则。

海因里希将事故因果连锁过程概括为以下五个因素：遗传及社会环境，人的缺点，人的不安全行为或物的不安全状态，事故，伤害。他认为，企业安全工作的中心就是防止人的不安全行为，消除机械的或物质的不安全状态，中断事故连锁的进程而避免事故的发生。

4. 墨菲定律

假设某意外事件在一次实验中发生的概率为 P（$P>0$），则在 n 次实验中至少有一次发生的概率为：$P_n=1-(1-P)^n$。由此可见，无论概率 P 多么小，当 n 越来越大时，P_n 越来越接近 1，这意味着事故迟早会要发生。

墨菲定律最大的警示意义是告诉人们，小概率事件在一次活动中就发生是偶然的，但在多次重复性的活动中发生是必然的。

（二）事故分类

事故分类方法有很多种，可以按事故性质进行分类，也可以按伤害程度和伤害方式进行分类。我国在工伤事故统计中，主要是按照伤害方式，即导致事故发生的原因进行分类，将工伤事故分为 20 类。

1. 按事故的性质分类

事故性质可分为责任事故和非责任事故。责任事故是指可以预见、抵御和避免，但由于人的原因没有采取预防措施从而造成的事故。非责任事故包括自然灾害事故和技术事故，如地震、泥石流造成的事故。技术事故是指由于科学技术水平的限制，安全防范知识和技术条件、设备条件达不到应有的水平和性能，因而无法避免的事故。

在已发生的事故中，大多属于责任事故。据有关部门对事故的分析，责任事故占 90% 以上。

2. 按伤害的方式分类

国标《企业职工伤亡事故分类》GB 6441—1986 中，将伤亡事故分为 20 类：
①物体打击；②车辆伤害；③机械伤害；④起重伤害；⑤触电；⑥淹溺；⑦灼烫；⑧火灾；⑨高处坠落；⑩坍塌；⑪冒顶片帮；⑫透水；⑬放炮；⑭火药爆炸；⑮瓦斯爆炸；⑯锅炉爆炸；⑰容器爆炸；⑱其他爆炸；⑲中毒和窒息；

⑳其他伤害。

事故隐患分类原则，按危害和整改难度，分为一般事故隐患和重大事故隐患。

（三）事故等级

依据《生产安全事故报告和调查处理条例》第三条规定：根据生产安全事故（以下简称事故）造成的人员伤亡或者直接经济损失，事故一般分为一般事故、较大事故、重大事故、特别重大事故，具体见表1-1。

表1-1   生产安全事故分级

事故等级	死亡人数	重伤人数	经济损失
特别重大事故	造成30人以上死亡	100人以上重伤（包括急性工业中毒，下同）	1亿元以上直接经济损失
重大事故	造成10人以上30人以下死亡	50人以上100人以下重伤	5000万元以上1亿元以下直接经济损失
较大事故	造成3人以上10人以下死亡	10人以上50人以下重伤	1000万元以上5000万元以下直接经济损失
一般事故	造成3人以下死亡	10人以下重伤	1000万元以下直接经济损失

（四）安全技术

生产过程中存在着一些不安全或危险的因素，危害着工人的身体健康和生命安全，同时也会造成生产被动或发生各种事故。为了预防或消除对工人健康的有害影响和各类事故的发生，改善劳动条件，而采取各种技术措施和组织措施，这些措施的综合叫作安全技术。

随着化工生产的不断发展，化工安全技术也随之不断充实和提高。安全技术的作用在于消除生产过程中的各种不安全因素，保护劳动者的安全和健康，预防伤亡事故和灾害性事故的发生。采取以防止工伤事故和其他各类生产事故为目的的技术措施，其内容如下。

① 直接安全技术措施，即使生产装置本质安全化。

② 间接安全技术措施，如采用安全保护和保险装置等。

③ 提示性安全技术措施，如使用警报信号装置、安全标志等。

④ 特殊安全措施，如限制自由接触的技术设备等。

⑤ 其他安全技术措施，如预防性实验、作业场所的合理布局、个体防护设备等。我国推行的安全生产方针是：安全第一，预防为主，综合治理。我国执行的

安全体制是：国家监察，行业管理，企业负责，群众监督，劳动者遵章守纪。为实现生产安全所进行的计划、组织、协调、控制、监督和激励等管理活动对安全生产管理尤为重要。

第三节 化工安全法规及管理体系

一、化学安全法规

（一）安全法规体系

我国安全法制管理所依据的安全法律体系具有五个层次，见表1-2。

表 1-2 工业安全法律体系层次（按法规法律特性划分）

层次	定义	主要法规
1	国家一般法	宪法、刑法、民法通则等
2	国家安全专业综合法规	劳动法、安全生产法、消防条例、化学危险品安全管理条例、道路交通管理条例等
3	国家安全技术标准	400 余种
4	行业、地方法规	建筑安装工人安全技术操作规程，油船、油码头防油气中毒规定，爆炸危险场所安全规定，压力管道安全管理与监察规定，省（市）劳动保护条例等
5	企业规章制度	企业安全操作规程，企业安全责任制度等

（二）主要安全法规内容

安全管理法规是根据《中华人民共和国安全生产法》（简称《安全生产法》）以及《中华人民共和国劳动法》（简称《劳动法》）等有关法律而制定的有关条例、部门规章及管理办法规定。它是指国家为了搞好安全生产，加强劳动保护，保障职工的安全健康所制定的管理法规的总称。安全管理法规的主要内容如下：确定安全生产方针、政策、原则；明确安全生产体制；明确安全生产责任制；制定和实施劳动安全卫生措施计划；安全生产的经费来源；安全检查制度；安全教育制度；事故管理制度；女职工和未成年工的特殊保护；工时、休假制度等。

我国现行的安全管理法规主要有《安全生产许可证条例》《国务院关于特大安全事故行政责任追究的规定》《生产安全事故报告和调查处理条例》《女职工劳动

保护特别规定》《未成年工特殊保护规定》《禁止使用童工规定》《生产安全事故统计调查制度》《工业产品生产许可证管理条例》《危险化学品安全管理条例》等。

二、化学安全管理体系

（一）安全管理原则

1. 安全生产方针

我国推行的安全生产方针是：安全第一，预防为主，综合治理。

2. 安全生产工作体制

我国执行的安全体制是：国家监察，行业管理，企业负责，群众监督，劳动者遵章守纪。

其中，企业负责的内涵如下：负行政责任，指企业法人代表是安全生产的第一责任人，管理生产的各级领导和职能部门必须负相应管理职能的安全行政责任，企业的安全生产推行"人人有责"的原则等；负技术责任，企业的生产技术环节相关安全技术要落实到位、达标，推行"三同时"原则等；负管理责任，在安全人员配备、组织机构设置、经费计划的落实等方面要管理到位，推行管理的"五同时"原则等。

3. 安全生产管理五大原则

（1）生产与安全统一的原则　即在安全生产管理中要落实"管生产必须管理安全"的原则。

（2）三同时原则　即新建、改建、扩建的项目，其安全卫生设施和措施要与生产设施同时设计、同时施工、同时投产。

（3）五同时原则　即企业领导在计划、布置、检查、总结、评比生产的同时，计划、布置、检查、总结、评比安全。

（4）三同步原则　企业在考虑经济发展、进行机制改革、技术改造时，安全生产方面要与之同时规划、同时组织实施、同时运作投产。

（5）三不放过原则　发生事故后，要做到事故原因没查清、当事人未受到教育、整改措施未落实三不放过。

4. 全面安全管理

企业安全生产管理执行全面管理原则，纵向到底，横向到边；安全责任制的原则是"安全生产，人人有责""不伤害自己，不伤害别人，不被别人所伤害"。

5. 三负责制

企业各级生产领导在安全生产方面"向上级负责，向职工负责，向自己负责"。

6. 安全检查制

查思想认识，查规章制度，查管理落实，查设备和环境隐患；定期与非定期检查相结合；普查与专查相结合；自查、互查、抽查相结合。

（二）安全管理的主要内容

1. 基础管理

基础管理工作包括各项规章制度建设，标准化工作，安全评价，重大危险源及化学危险品的调查与登记，监测和健康监护，职工和干部的系统培训，日常安全卫生措施的编制、审批，安全卫生检查，各种作业票（证）的管理与发放等。此外，企业的新建、改建、扩建工程基础上的设计、施工和验收以及应急救援等工作均属于基础工作的范畴。

2. 现场安全管理

现场安全管理也叫生产过程中的动态管理，包括生产过程、检修过程、施工过程、设备（包括传动和静止设备、电气、仪表、建筑物、构筑物）、防火防爆、化学危险品、重大危险源的安全管理，以及厂区内的其他人员和设备的安全管理。

（三）安全管理模式的发展和完善

随着安全科学的发展和人类安全意识的不断提高，安全管理的作用和效果将不断加强。现代安全管理将逐步实现：变传统的纵向单因素安全管理为现代的横向综合安全管理；变事故管理为现代的事件分析与隐患管理；变被动的安全管理对象为现代的安全管理动力；变静态安全管理为现代的动态安全管理；变被动、辅助、滞后的安全管理模式为现代的主动、本质、超前的安全管理模式；变外迫型安全指标管理为内激型的安全目标管理。

第四节　化工安全和环保的发展趋势

化工安全生产技术和环境保护（化工安全与环保）是一门涉及范围很广、内容极为丰富的综合性学科，它涉及数学、物理、化学、生物、天文、地理、地质等基础科学，涉及电工学、材料学、劳动保护和劳动卫生学等应用科学，以及化工、机械、电力、冶金、建筑、交通运输等工程技术科学。在过去几十年中，化工安全与环保的理论、技术和管理随着化学工业的发展和各学科知识的不断深化，取得了较大进步，同时对火灾、爆炸、雷电、静电、辐射、噪声、中毒和职业病等防范的研究也不断深入，安全系统工程学和环境保护与清洁生产的相关科研领域不断深入。我国 21 世纪实施的科学发展观及可持续发展战略，对有效推行安全生产和清洁生产起到了指导作用。化工装置和控制技术的可靠性研究、化工设备故障诊断技术、化工安全与环境保护的评价技术、安全系统工程的开展和应用以及防火、防爆和防毒技术都有了很快的发展，化工生产安全程度进一步提高，化工生产中的废气、废水、废渣等有毒有害物质的危害及处理技术的研究开发都取得了进展，强化管理与监督工作更加严格，并且向着综合利用进行循环经济生产方式发展，力争做到有毒有害物质达标排放，减少排放数量，直到零排放。

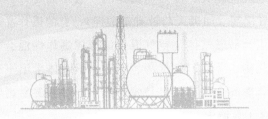

第二章

危险化学品及防毒安全

随着现代科学技术和工业的迅猛发展，化学品的种类和数量越来越多，其中80％以上属于危险化学品。危险化学品通常是化工企业火灾、爆炸、中毒等事故的根源，也会影响职工的身体健康甚至导致职业病，还可能会造成环境污染问题。为了有效预防、避免和应对事故的发生，必须了解各类危险化学品的危险性，有效控制危险化学品生产、使用、运输、储存及废弃等环节，预防可能导致的后果。

第一节　危险化学品管理及储运

一、危险化学品管理

（一）化学物质的危险性

在众多的化学品中，存在着一类特殊的化学品，其具有易燃、易爆、有毒、有害和腐蚀性等特点。这类化学品在现代社会的生产发展、环境改变和人民生活改善过程中发挥着不可替代的积极作用，但同时因其危险性，容易引发人员伤亡、环境污染及物质财产损失等事故。因此，对化学品的全面了解和认识就显得尤为重要。本节从物理化学、生物及环境污染3方面介绍化学物质的危险性。

1. 物理化学危险性

物理化学危险性即理化危险，包括爆炸性危险、易燃性危险和氧化性危险，具有这3种危险性的物质包含了气体、液体和固体。

（1）爆炸性危险　爆炸物、易燃气体、易燃液体和遇湿易燃物品等都有爆炸性危险。爆炸是爆炸物的主要危险，多数爆炸物对于热、火花、撞击、摩擦和冲击波等敏感，敏感度越高，爆炸的危险性越大。爆炸物爆炸时一般不需要外界供氧，因为有的爆炸品本身已经含有氧化剂（如黑火药带有硝酸钾），有的爆炸品爆炸时会分解并发生自身氧化还原反应。易燃气体与空气混合能形成爆炸性混合气体，容易发生爆炸，如氢气、一氧化碳、甲烷、氨气等。不少易燃液体常温下容易挥发，其蒸气与空气混合形成爆炸性混合气体，容易发生爆炸。对遇湿易燃物品可采取隔离保存方式，如将钠储存于煤油中。

（2）易燃性危险　易燃性危险分为极度易燃性、高度易燃性和易燃性危险 3 个类别。极度易燃性是指闪点低于 0℃、沸点低于 35℃ 的物质的特征，如乙醚、液化石油气等多数易燃气体具有极度易燃性。高度易燃性是指无须能量、与常温空气接触就能变热起火的物质的特征。易燃性危险是闪点在 21～55℃ 的液体的特征，包括了多数有机溶剂和石油馏分。

（3）氧化性危险　氧化性危险是指与其他物质能发生剧烈氧化的强放热反应，甚至燃烧、爆炸的物质的特征，如氧气、压缩空气等氧化性气体比空气更能导致或促进其他物质燃烧，使火灾扩大化。氧化剂和有机过氧化物易分解并释放出氧和热量，此类物质有的自身还可燃烧、爆炸。

2. 生物危险性

生物危险性包括毒性、窒息性、腐蚀性、刺激性、致癌性和致变性危险。

（1）毒性和窒息性危险　毒物短时间内一次性大量进入人体后，可引起急性中毒；少量毒物长期进入人体所引起的中毒称为慢性中毒。

（2）腐蚀性和刺激性危险　腐蚀性物质可能严重损害细胞组织，如导致皮肤腐蚀或严重眼损伤。刺激性危险是指化学物质与皮肤、黏膜直接接触引起炎症的性质，如呼吸道或皮肤过敏。

（3）致癌性危险　目前能确认的致癌物质有 26 种，还有 22 种物质经动物试验确认能诱发癌症。目前，人们对于癌变的机理还不清楚，动物试验结果与人体数据如何换算的问题也没有解决，但有一点可以确定：物质的致癌性危险有一个浓度水平，低于某浓度时物质不再显示致癌作用。

（4）致变性危险　致变性又称变异性，是指某些化学物质能诱发生物活性。受其影响的如果是人或动物的生殖细胞，受害个体的正常功能会有不同程度的变化并可传至后代；如果是躯体细胞则会诱发癌变，但不遗传。

3. 环境污染危险性

化学物质造成的环境污染主要是水体、空气和土壤污染，指某些化学物质在水、空气和土壤中的浓度超过正常值，危害人和动物的健康和植物的生长。环境对于多数危险化学物质有一定的降解作用，如果降解作用不足以把危险物质的浓度降至一定浓度以下，将对人、动物或植物有生物危险性。对于环境不能降解的危险物质（如某些核反应废物），必须采取特殊措施处理。

要特别注意的是，许多危险化学品具有多重危险性。例如，浓硫酸、发烟硫酸、硝酸同时具有腐蚀性和强氧化性危险，与可燃物接触时有发生燃烧的可能；有的腐蚀品，如五氯化磷、三溴化硼、氯磺酸、无水溴化铝等有遇水分解易燃性；硫化氢既是有毒气体，又是易燃气体，还污染环境。

（二）危险化学品的分类

危险化学品目前有数千种，其性质各不相同，每一种危险化学品往往具有多种危险性。例如，二硝基苯酚既有爆炸性、易燃性，又有毒害性；一氧化碳既有易燃性又有毒害性。但是每一种危险化学品在其多种危险性中必有一种主要的对人类危害最大的危险性。在危险化学品分类时应遵循"择重归类"的原则，即根据该危险化学品的主要危险性来选行分类。

根据不同的分类方法，我国有很多种危险化学品的分类标准，本节介绍我国最常见的两个危险化学品分类国家标准：《危险货物分类和品名编号》（GB 6944—2012）和《化学品分类和危险性公示　通则》（GB 13690—2009）。

1. 危险货物分类和品名编号（GB 6944—2012）

国家质量监督检验检疫总局（现国家市场监督管理总局）于 2012 年发布国家标准《危险货物分类和品名编号》（GB 6944—2012）和《危险货物品名表》（GB 12268—2012），根据运输的危险性将危险货物分为 9 类，并规定了危险货物的品名和编号。GB 6944—2012 规定了危险货物的分类、危险货物危险性的先后顺序和危险货物编号，适用于危险货物运输、储存、经销及相关活动。下面将 GB 6944—2012 中对危险货物的分类情况进行介绍，每个类别进行相关的注释和举例说明。

GB 6944—2012 按危险货物具有的危险性或最主要的危险性将其分为 9 个类别，各类别再分成项别。需要注意的是，类别和项别的号码顺序并不代表危险程度的顺序。

（1）第 1 类：爆炸品　爆炸品包括爆炸性物质；爆炸性物品；能产生爆炸或烟火实际效果，但前两项未提及的物质或物品。

爆炸品分为 6 项，见表 2-1。

表 2-1　爆炸品

分项	举例
有整体爆炸危险的物质和物品	起爆药(二硝基重氮酚、叠氮化铅、斯蒂芬酸铅等),猛炸药(梯恩梯、黑索金、泰安等)及其他炸药等
有进射危险,但无整体爆炸危险的物质和物品	带有炸药或抛射药的火箭、火箭弹头,装有炸药的炸弹、弹丸、穿甲弹,非水活化的带有或不带有爆炸管、抛射药或发射药的照明弹、燃烧弹、烟幕弹、催泪弹、毒气弹等
有燃烧危险并有局部爆炸危险或局部进射危险或这两种危险都有,但无整体爆炸危险的物质和物品	如速燃导火索、点火管、点火引信,二硝基苯、苦氨酸、苦氨酸锆、含乙醇>25%或增塑剂>18%的硝化纤维素、油井药包、礼花弹等
不呈现重大危险的物质和物品	导火索、手持信号器、电缆爆炸切割器、爆炸性铁路轨道信号器、火炬信号、烟花爆竹等
有整体爆炸危险的非常不敏感物质	B 型爆破用炸药、E 型爆破用炸药(乳胶炸药、浆状炸药和水凝胶炸药)、铵油炸药、铵松蜡炸药等
无整体爆炸危险的极端不敏感物品	指极端不敏感起爆物质,并且其意外引发爆炸或传播的概率可忽略不计的物品;爆炸危险性仅限于单个物品爆炸的物品

(2) 第 2 类:气体　气体包括在 50℃时,蒸气压力大于 300kPa 的物质;在 20℃、101.3kPa 压力下完全是气态的物质。气体有压缩气体、液化气体、溶解气体、冷冻液化气体、一种或多种气体与一种或多种其他类别物质的蒸气的混合物、充有气体的物品和烟雾剂。

气体分为 3 项,见表 2-2。

表 2-2　气体

分项	举例
易燃气体	压缩或液化的氢气、乙炔气、一氧化碳、甲烷等碳五以下的烷烃、烯烃、无水一甲胺、无水二甲胺、无水三甲胺、环丙烷、环丁烷、环氧乙烷、四氢化硅、液化石油气等
非易燃无毒气体	氧气、压缩空气、二氧化碳、氮气、氖气、氩气等
毒性气体	氟气、氯气等有毒氧化性气体,氨气、无水溴化氢、磷化氢、砷化氢、无水硒化氢、煤气、重氮甲烷、溴甲烷、锗烷等有毒易燃气体

(3) 第 3 类:易燃液体、液态退敏爆炸品　本类物质包括 2 项:第 1 项为易燃液体,第 2 项为液态退敏爆炸品。

易燃液体指在其闪点温度(其闭杯试验闪点不高于 60℃,或其开杯试验闪点不高于 65.6℃)时放出易燃蒸气的液体或液体混合物,或是在溶液或悬浮液中含有固体的液体。还包括在温度等于或高于其闪点的条件下提交运输的液体;或以液态在高温条件下运输或提交运输,并在温度等于或低于最高运输温度下放出易燃蒸气的物质。

液态退敏爆炸品是指为抑制爆炸性物质的爆炸性能，将爆炸性物质溶解或悬浮在水中或其他液态物质中，而形成的均匀液态混合物。

（4）第 4 类：易燃固体、易于自燃的物质、遇水放出易燃气体的物质　本类物质分为以下 3 项。

① 易燃固体、自反应物质和固态退敏爆炸品，分别指容易燃烧或摩擦可能引燃或助燃的固体；可能发生强烈放热反应的热不稳定物质；不充分稀释可能发生爆炸的固态退敏爆炸品。红磷、硫磷化合物、含水＞15％的二硝基苯酚等充分含水的炸药，任何地方都可以擦燃的火柴，硫黄、镁片、钛、锰、铁等金属元素的粒、粉或片。硝化纤维的漆组、漆片、漆布，生松香、安全火柴、棉花、亚麻、木棉等均属此项物品。

② 易于自燃的物质，包括发火物质和自热物质。发火物质指即使只有少量与空气接触，不到 5min 时间便燃烧的物质。自热物质指发火物质以外的与空气接触便能自己发热的物质。黄磷、钙粉、干燥的金属元素（如铝粉、铅粉、钛粉），油布、油绸及其制品，油纸、漆布及其制品，拷纱、棉籽、菜籽等，油棉纱、油麻丝等含油植物纤维及其制品，种子饼，未加抗氧剂的鱼粉等均属此项物品。

③ 遇水放出易燃气体的物质，指与水相互作用易变成自燃物质或能放出危险数量的易燃气体的物质。锂、钠、钾、镁等碱金属、碱土金属，镁、钙、铝等金属的氢化物（如氢化钙）、碳化物（电石）、硅化物（硅化钠）、磷化物（如磷化钙、磷化锌），以及锂、钠、钾等金属的硼氢化物（如硼氢化钠）和镁粉、锌粉、保险粉等轻金属粉末均属此项物品。

（5）第 5 类：氧化性物质和有机过氧化物　本类物质分为以下 2 项。

① 氧化性物质，指本身不一定可燃，但通常因放出氧或起氧化反应可能引起或促使其他物质燃烧的物质。

② 有机过氧化物，指分子组成中含有过氧基的有机物质，该物质为热不稳定物质，可能发生放热的自加速分解。

（6）第 6 类：毒性物质和感染性物质　本类物质分为以下 2 项。

① 毒性物质，指经吞食、吸入或皮肤接触后可能造成死亡或严重受伤或健康损害的物质。

毒性物质的毒性分为急性口服毒性、皮肤接触毒性和吸入毒性，分别用口服毒性半数致死量（LD_{50}）、皮肤接触毒性半数致死量（LD_{50}）、吸入毒性半数致死浓度（LC_{50}）衡量。

毒性物质包括经口摄取半数致死量固体 $LD_{50} \leqslant 200mg/kg$、液体 $LD_{50} \leqslant$

500mg/kg；经皮肤接触 24h，半数致死量 $LD_{50} \leqslant 1000$mg/kg；粉尘、烟雾吸入半数致死浓度 $LC_{50} \leqslant 10$mg/L 的固体或液体。

② 感染性物质，指含有病原体的物质，包括生物制品、诊断样品、基因突变的微生物、生物体和其他媒介，如病毒蛋白等。

（7）第 7 类：放射性物质　本类物质是指含有放射性元素，且其放射性活度浓度和总活度都分别超过 GB 11806—2019 规定的限值的物质。

放射性物品按其比放射性活度或安全程度分为 5 项：低比活度放射性物品，表面污染物品，可裂变物质，特殊性质的放射性物品及其他性质的放射性物品。

（8）第 8 类：腐蚀性物质　本类物质是指通过化学作用使生物组织接触时会造成严重损伤，或在渗漏时会严重损害甚至毁坏其他货物或运载工具的物质。

腐蚀性物质包含使完好皮肤组织在暴露超过 60min，但接触不超过 4h 之后开始的最多 14 天的观察期中发现引起皮肤全厚度损毁的物质；或在温度为 55℃时，对钢或铝的表面腐蚀率超过 6.25mm/a 的物质。

（9）第 9 类：杂项危险物质和物品　本类物质是指其他类别未包括的危险的物质和物品，如：以微细粉尘吸入可危害健康的物质；会放出易燃气体的物质；锂电池组；救生设备；一旦发生火灾可形成二噁英的物质和物品；在高温下运输或提交运输的物质，危害环境的物质等。

2. 化学品分类和危险性公示　通则（GB 13690—2009）

为了与联合国《化学品分类与标记全球协调制度》（GHS）第二次修订版相协调，我国于 2009 年修订了《常用危险化学品的分类及标志》（GB 13690—1992），改为《化学品分类和危险性公示　通则》（GB 13690—2009）。该标准适用于化学品分类及其危险公示，以及化学品生产场所和消费品的标志。

2013 年 10 月，国家标准化管理委员会发布了新版的《化学品分类和标签规范》系列国家标准（GB 30000.2—2013～30000.29—2013），替代《化学品分类、警示标签和警示性说明安全规范》系列标准（GB 20576～20599—2006、GB 20601—2006、GB 20602—2006），并已于 2014 年 11 月 1 日起正式实施。GB 30000 系列国标采纳了联合国《全球化学品统一分类和标签制度》（第四版）中大部分内容。

《化学品分类和危险性公示　通则》（GB 13690—2009）将化学品的危险性分为理化危险、健康危险和环境危险，下面将对 3 种危险的种类予以说明，并使之与《化学品分类和标签规范》系列国家标准（GB 30000.2—2013～30000.29—2013）相对应。

（1）理化危险　有理化危险的物质有 16 项，包括爆炸物、易燃气体、气溶

胶、氧化性气体、加压气体、易燃液体、易燃固体、自反应物质和混合物、自燃
液体、自燃固体、自热物质和混合物、遇水放出易燃气体的物质和混合物、氧化
性液体、氧化性固体、有机过氧化物、金属腐蚀物。每项物质的分类和警示性标
签可参照新版的《化学品分类和标签规范》系列国家标准，具体见表 2-3 所示。

表 2-3 理化危险性分类和警示性标签说明

理化危险性物质	理化危险性分类和警示性标签国家标准
爆炸物	GB 30000.2—2013
易燃气体	GB 30000.3—2013
气溶胶	GB 30000.4—2013
氧化性气体	GB 30000.5—2013
加压气体	GB 30000.6—2013
易燃液体	GB 30000.7—2013
易燃固体	GB 30000.8—2013
自反应物质和混合物	GB 30000.9—2013
自燃液体	GB 30000.10—2013
自燃固体	GB 30000.11—2013
自热物质和混合物	GB 30000.12—2013
遇水放出易燃气体的物质和混合物	GB 30000.13—2013
氧化性液体	GB 30000.14—2013
氧化性固体	GB 30000.15—2013
有机过氧化物	GB 30000.16—2013
金属腐蚀物	GB 30000.17—2013

（2）健康危险 健康危险包括 10 项，分别为急性毒性、皮肤腐蚀/刺激、严
重眼损伤/眼刺激、呼吸或皮肤致敏、生殖细胞致突变性、致癌性、生殖毒性、特
异性靶器官系统毒性（一次接触）、特异性靶器官系统毒性（反复接触）、吸入危
害。每种危险的分类和警示性标签可参照新版的《化学品分类和标签规范》系列
国家标准，具体如表 2-4 所示。

表 2-4 健康危险性分类和警示性标签说明

健康危险	健康危险性分类和警示性标签国家标准
急性毒性	GB 30000.18—2013
皮肤腐蚀/刺激	GB 30000.19—2013
严重眼损伤/眼刺激	GB 30000.20—2013
呼吸或皮肤致敏	GB 30000.21—2013
生殖细胞致突变性	GB 30000.22—2013

健康危险	健康危险性分类和警示性标签国家标准
致癌性	GB 30000.23—2013
生殖毒性	GB 30000.24—2013
特异性靶器官系统毒性:一次接触	GB 30000.25—2013
特异性靶器官系统毒性:反复接触	GB 30000.26—2013
吸入危害	GB 30000.27—2013

（3）环境危险　环境危险包括 2 项：对水生环境的危害和对臭氧层的危害。每种危险的分类和警示性标签可参照新版的《化学品分类和标签规范》系列国家标准，具体见表 2-5 所示。

表 2-5　环境危险性分类和警示性标签说明

环境危险	环境危险性分类和警示性标签国家标准
对水生环境的危害	GB 30000.28—2013
对臭氧层的危害	GB 30000.29—2013

（三）化学品安全技术说明书与安全标签

1. 危险化学品安全技术说明书

化学品安全技术说明书（Safety Data Sheet For Chemical Products，SDS），是《工作场所安全使用化学品规定》所要求的一份关于化学品燃、爆、毒性和生态危害及安全使用、泄漏应急处置、主要理化参数、法律法规等方面信息的综合性文件。在一些国家，SDS 也被称为物质安全技术说明书（Material Safety Data Sheet，MSDS）。作为面向用户的一种服务，生产企业应随化学商品向用户提供 SDS，使用户明了化学品的有关危害，使用时自主进行防护，起到减少职业危害和预防化学事故的作用。

1992 年，联合国环境和发展会议（UNCED）通过了第 21 世纪议程，推荐《全球化学品统一分类和标签制度》（GHS）。GHS 第 9 章中指出环境中有毒化学品的基本管理措施之一为编写安全技术说明书，其中包括了 SDS 的编制指南。我国于 1996 年制定了国家标准《危险化学品安全技术说明书编写规定》（GB 16483—1996），之后分别于 2000 年和 2008 年两次修订了该标准。现行《化学品安全技术说明书　内容和项目顺序》中对危险性概述已与 GHS 的规定相一致。

SDS 为化学物质及其制品提供了有关安全、健康和环境保护方面的各种信息，并能提供有关化学品的基本知识、防护措施和应急行动等方面的资料。作为最基础的技术文件，其主要用途是传递安全信息，其具体作用主要体现在：是作业人员安全使用化学品的指导性文件，为化学品生产、处置、储存和使用各环节制定安全操作规程提供技术信息；为危害控制和预防措施设计提供技术依据；是企业安全教育的主要内容。

SDS 不可能将所有可能发生的危险及安全使用的注意事项全部表示出来，加之作业场所情形各异，所以 SDS 仅用以提供化学商品基本安全信息，并非产品质量的担保。

（1）SDS 编写内容 《化学品安全技术说明书 内容和项目顺序》（GB/T 16483—2008）规定的 SDS 包括 16 个部分的安全卫生信息内容，具体内容如下。

① 化学品及企业标识 该部分主要标明化学品的名称（应与安全标签名称一致），建议同时标注供应商的产品代码，包括供应商的名称、地址、电话号码、应急电话、传真和电子邮件，还应说明化学品的推荐用途和限制用途。

② 危险性概述 该部分应标明化学品主要的物理和化学危险性信息，以及对人体健康和环境影响的信息。如果该化学品存在某些特殊的危险性质，也应在此处说明。

如果已经根据 GHS 对化学品进行了危险性分类，应标明 GHS 危险性类别及标签要素，GHS 分类未包括的危险性（如粉尘爆炸危险）也应在此处注明。

应注明人员接触后的主要症状及应急综述。

③ 成分/组成信息 该部分应注明该化学品是物质还是混合物。

若为物质，应提供化学名或通用名、美国化学文摘登记号（CAS 号）及其他标识符；若该物质按 GHS 分类标准被划分为危险化学品，则应列明包括对该物质的危险性分类产生影响的杂质和稳定剂在内的所有危险组分的化学名或通用名，以及浓度或浓度范围。

若为混合物，不必列明所有组分。若有按 GHS 标准被分类为危险品的组分，并且其含量超过了浓度限值，应列明该组分的名称信息、浓度或浓度范围。对已经识别出的危险组分，也应该提供其化学名或通用名、浓度或浓度范围。

④ 急救措施 该部分应说明必要时应采取的急救措施及应避免的行动，此处填写的文字应该易于被受害人和（或）施救者理解。

根据不同的接触方式将信息细分为吸入、皮肤接触、眼睛接触和食入。应简要描述接触化学品后的急性和迟发效应、主要症状和对健康的主要影响。详细资料可在第 11 部分列明。

必要时，应列明对保护施救者的忠告和对医生的特别提示，还要给出及时的医疗护理和特殊的治疗说明。

⑤ 消防措施　该部分应说明合适的灭火方法和灭火剂，如有不合适的灭火剂也应在此处标明；应标明化学的特别危险性（如产品是危险的易燃品）；标明特殊灭火方法及保护消防人员的特殊防护装备。

⑥ 泄漏应急处理　该部分应包括以下信息：作业人员防护措施、防护装备和应急处置程序；环境保护措施；泄漏化学品的收容、清除方法及所使用的处置材料（如果和第 13 部分不同，列明恢复、中和及清除方法）；提供防止发生次生危害的预防措施。

⑦ 操作处置与储存

a. 操作处置。应描述安全处置注意事项，包括防止化学品人员接触；防止发生火灾和爆炸的技术措施；提供局部或全面通风，防止形成气溶胶和粉尘的技术措施；防止直接接触不相容物质或混合物的特殊处置注意事项。

b. 储存。应描述安全储存的条件（适合的储存条件和不适合的储存条件）、安全技术措施、同禁配物隔离储存的措施、包装材料信息（建议的包装材料和不建议的包装材料）。

⑧ 接触控制和个体防护　该部分应列明容许浓度，如职业接触限值或生物限值；列明减少接触的工程控制方法，该信息是对第 7 部分内容的进一步补充。如果可能，列明容许浓度的发布日期、数据出处、试验方法及方法来源。列明推荐使用的个体防护设备。标明防护设备的类型和材质。

化学品若只在某些特殊条件下（如量大、高浓度、高温、高压等）才具有危险性，应标明这些情况下的特殊防护措施。

⑨ 理化特性　该部分应说明化学品的外观与性状，如物态、形状和颜色；气味；pH 值，并指明浓度；熔点/凝固点；沸点、初沸点和沸程；闪点；燃烧上、下极限或爆炸极限；蒸气压；蒸气密度；密度/相对密度；溶解性；n-辛醇/水分配系数；自燃温度；分解温度。若有必要，还应说明气味阈值、蒸发速率、易燃性（固体、气体）及数据的测定方法；也应说明化学品安全使用的其他资料，如放射性或体积密度等。

⑩ 稳定性和反应性　该部分应描述化学品的稳定性和在特定条件下可能发生的危险反应。应包括以下信息：应避免的条件（如静电、撞击或震动）；不相容的物质；危险的分解产物，一氧化碳、二氧化碳和水除外。

填写该部分时应考虑提供化学品的预期用途和可预见的错误用途。

⑪ 毒理学信息　该部分主要提供化学品详细完整的毒理学资料，包括急性毒性、皮肤刺激或腐蚀、眼睛刺激或腐蚀、呼吸或皮肤过敏、生殖细胞突变性、致癌性、生殖毒性、特殊性靶器官系统毒性（一次性接触）、特殊性靶器官系统毒性

（反复接触）、吸入危害、毒代动力学、代谢和分布信息。

⑫ 生态学信息　该部分提供化学品的环境影响、环境行为和归宿方面的信息，例如：化学品在环境中的预期行为，可能对环境造成的影响（生态毒性）；持久性和降解性；潜在的生物累积性；土壤中的迁移性。

如果可能，提供更多的科学实验产生的数据或结果，并标明引用文献资料来源及任何生态学限值。

⑬ 废弃处置　该部分包括为安全和有利于环境保护而推荐的废弃处置方法信息。

这些处置方法适用于化学品（残余废弃物），也适用于任何受污染的容器和包装。应提醒下游用户注意当地废弃处置法规。

⑭ 运输信息　该部分包括国际运输法规规定的编号与分类信息，这些信息应根据不同的运输方式（如陆运、海运和空运）进行区分。应包含以下信息：联合国危险货物编号（UN 号）；联合国运输名称；联合国危险性分类；包装组（如果可能）；海洋污染物（是/否）。提供使用者需要了解或遵守的其他与运输或运输工具有关的特殊防范措施。

可增加其他相关法规的规定。

⑮ 法规信息　该部分应标明使用本化学品安全技术说明书（SDS）的国家或地区中，管理该化学品的法规名称。提供与法律相关的法规信息和化学品标签信息。提醒下游用户注意当地废弃处置法规。

⑯ 其他信息　该部分应进一步提供上述各项未包括的其他重要信息。例如：可以提供需要进行的专业培训、建议的用途和限制的用途等。

（2）SDS 编写、使用要求及编制责任

① SDS 编写要求

a. 一种化学品应编制一份 SDS，同类物、同系物的 SDS 不能相互替代；混合物要填写有害组分及其含量范围。

b. SDS 中规定的 16 项内容的标题、编号和前后顺序不应随意变更。在 16 部分下填写相关的信息，若某项无数据，应写明无数据原因。除第 16 部分"其他信息"外，其余部分不能留下空项。

c. SDS 规定的 16 部分可以根据内容细分出小项，这些小项不编号，但应按指定顺序排列。16 部分要清楚地分开，大项标题和小项标题的排版要醒目。

d. SDS 的每一页都要注明该种化学品的名称，且应与标签上的名称一致，同时注明日期（最后修订的日期）和 SDS 编号。页码中应包括总的页数，或者显示总页数的最后一页。

e. SDS正文的书写应该简明、扼要、通俗易懂。推荐采用常用词语。SDS应该使用用户可接受的语言书写。

f. 危险化学品生产企业发现其生产的危险化学品有新的危险特性的，应当立即公告，并及时修订其SDS和化学品安全标签。

② SDS使用　SDS由化学品的生产供应企业编印，在交付商品时提供给用户，作为为用户提供的一种服务随商品在市场上流通。化学品的用户在接收使用化学品时，要认真阅读SDS，了解和掌握化学品的危险性，并根据使用的情形制定安全操作规程，选用合适的防护器具，培训作业人员。

③ SDS编制的责任

a. 生产企业既是化学品的生产商，又是化学品使用的主要用户，对SDS的编写和供给负有最基本的责任。生产企业必须按照国家法规，填写符合规定要求的SDS，全面详细地向用户提供有关本企业危化品的SDS，确保接触化学品的作业人员能方便地查阅，还应负责更新本企业产品的SDS。

b. 使用单位作为化学品的用户，应向供应商索取全套的最新SDS，并进行评审，补充新的内容，及时更新，确保接触化学品的作业人员能方便地查阅。

c. 经营、销售企业所经销的化学品必须附带SDS。经营进口化学品的企业，应负责向供应商、进口商索取最新的中文SDS，随商品提供给客户。

d. 运输部门对无SDS的化学品一律不予承运。

2. 危险化学品安全标签

危险化学品安全标签，是指危险化学品在市场上流通时应由供应者提供的附在化学品包装上的，用于提示接触危险化学品的人员的一种标志。它用简单、明了、易于理解的文字、图形表述有关化学品的危险特性及其安全处置的注意事项。

GB 30000.2—2013～30000.29—2013规定了化学品安全标签的术语和定义、标签内容、制作和使用要求，适用于化学品安全标签的编写、制作和使用，且该标准对化学品安全标签的规定与GHS的规定相一致。

(1) 安全标签的主要内容　安全标签用文字、图形符号和编码的组合形式来表示化学品所具有的危险性和安全注意事项，主要包括化学品标志、象形图、信号词、危险性说明、防范说明、应急咨询电话、供应商标志、资料参阅提示语等事项，具体内容如下。

① 化学品标志　此部分用中文和英文分别标明危险化学品的通用名称。名称要求醒目、清晰，位于标签的正上方。

对于混合物应标出对其危险性分类有贡献的主要组分的化学名称或通用名、浓度或范围。当需要标出的组分较多时，组分个数以不超过5个为宜。属于商业机密的成分可以不标明，但应列出其危险性。

② 象形图　此部分采用 GB 30000.2—2013～30000.29—2013 规定的象形图。

③ 信号词　此部分根据化学品的危险程度和类别，用"危险""警告"两个词分别进行危害程度的警示。根据 GB 30000.2—2013～GB 30000.29—2013 选择不同类别危险化学品的信号词。当某种化学品具有一种以上的危险性时，用危险性最大的警示词。警示词位于化学名称下方，要求醒目、清晰。

④ 危险性说明　此部分概述化学品燃烧爆炸危险特性、健康危险和环境危险，居信号词下方。根据 GB 30000.2—2013～GB 30000.29—2013 选择不同类别危险化学品的危险性说明。

⑤ 防范措施　此部分表述化学品在处置、搬运、储存和使用作业中所必须注意的事项和发生意外时简单有效的救护措施等，要求内容简明、扼要、重点突出。该部分包括安全预防措施、意外情况（如泄漏、人员接触或火灾等）的处理、安全存储措施及废弃处置等内容。

⑥ 供应商标志　此部分列出生产厂（公司）名称、地址、邮编、电话。

⑦ 应急咨询电话　此部分填写企业应急电话和国家化学品登记注册中心事故应急热线电话。

⑧ 资料参阅提示语　此部分提示化学品用户应参阅 SDS。

⑨ 危险信息先后排序　当某种化学品具有两种及两种以上的危险性时，安全标签的象形图、信号词、危险性说明的先后顺序要根据相关要求排序。

（2）安全标签的制作

① 安全标签的编写　标签正文应简洁明了、易于理解，要采用规范的汉字表述，也可以同时使用少数民族文字或外文，但意义必须与汉字相对应，字形应小于汉字。相同的含义应用相同的文字和图形表示。

当某种化学品有信息更新时，标签应及时修订、更改。

② 安全标签的颜色　标签内象形图的颜色根据 GB 30000.2—2013～GB 30000.29—2013 的规定执行，一般使用黑色图形符号加白色背景，方块边框为红色。正文应使用与底色反差明显的颜色。一般采用黑/白色。若在国内使用，方框边框可以为黑色。

③ 安全标签的尺寸　对于不同容量的容器或包装，标签最小尺寸可见表 2-6。

表 2-6　安全标签最小尺寸

容器或包装容积/L	标签最小尺寸/mm×mm
≤0.1	使用简化标签
0.1～3	50×75

续表

容器或包装容积/L	标签最小尺寸/mm×mm
3～50	75×100
50～500	100×150
500～1000	150×200
＞1000	200×300

④ 安全标签的印刷　标签的边缘要加一个边框，边框外应留≥3mm 的空白，边框宽度≥1mm。象形图必须从较远的距离就可以看到，以及在烟雾条件下或容器部分模糊不清的条件下也能看到。标签的印刷应清晰，所使用的印刷材料和胶黏材料应具有耐用性和防水性。安全标签可单独印刷，也可与其他标签合并印刷。图 2-1 为安全标签样例，图 2-2 为简化安全标签样例。

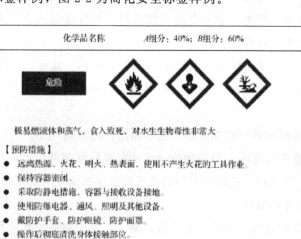

图 2-1　安全标签样例

化学品名称

危险

极易燃液体和蒸气，食入致死，对水生生物毒性非常大

请参阅化学品安全技术说明书

供应商：×××××　　电话：×××××

化学事故应急咨询电话：×××××

图 2-2　简化安全标签样例

（3）安全标签的应用

① 安全标签的使用方法　安全标签应粘贴、挂拴、喷印在化学品包装或容器的明显位置。

当与运输标志组合使用时，运输标志可以放在安全标签的另一版面，将之与其他信息分开，也可以放在包装上靠近安全标签的位置。后一种情况下，若安全标签中的象形图与运输标志重复，应删除安全标签中的象形图。

对于组合容器，要求内包装加贴（挂）安全标签，外包装上加贴运输象形图；如果不需要标志，可以加贴安全标签。

② 安全标签位置　安全标签的位置规定如下：桶、瓶形包装，位于桶、瓶侧身；箱状包装，位于包装端面或侧面明显处；袋、捆包装，位于包装明显处；集装箱、成组货物，位于 4 个侧面。

③ 安全标签使用注意事项　安全标签的粘贴、挂栓、喷印应牢固，保证在运输、储存期间不脱落，不损坏。安全标签应由生产企业在货物出厂前粘贴、挂拴、喷印。若要改换包装，则由改换包装单位重新粘贴、挂拴、喷印标签。

盛装危险化学品的容器或包装，在经过处理并确认其危险性完全消除之后。方可撕下标签，否则不能撕下相应的标签。

（4）安全标签与相关标签的协调关系　安全标签是从安全管理的角度提出的，但化学品在进入市场时还需要有工商标签，运输时还需有危险货物运输标志。为使安全标签和工商标签、运输标志之间减少重复，可将安全标签所要求的 UN 编号和 CN 编号与运输标志合并；将名称、化学成分及组成、批号、生产厂（公司）

名称、地址、邮编、电话等与工商标签的相同内容合二为一，使 3 种标签有机融合，形成一个整体，降低企业的生产成本。在某些特殊情况下，安全标签可单独印刷。3 种标签合并印刷时，安全标签应占整个版面的 1/3～2/5。

（四）危险化学品安全管理条例

危险化学品管理的法律依据是国务院颁布的《危险化学品安全管理条例》。该《条例》于 2002 年 1 月 26 日中华人民共和国国务院令第 344 号公布，2011 年 2 月 16 日国务院第 144 次常务会议第一次修订，2013 年 12 月 4 日国务院第 32 次常务会议进行了第二次修订，于 2013 年 12 月 7 日正式实施。

该《条例》的特点是政府对危险化学品的监管涵盖危险化学品生产、使用、储存、运输、经营和废弃 6 个环节，贯穿企业建厂、生产、储存和停业的整个过程。地方政府要制定区域事故应急预案。

企业应根据该《条例》制定各环节的危险化学品的管理制度，把管理责任落到实处。《条例》规定了生产、储存危险化学品的企业必须具备的基本条件：有符合国家标准的生产工艺、设备或者储存方式、设施；工厂、仓库的周边防护距离符合国家标准或者国家有关规定；有符合生产者储存需要的管理人员和技术人员；有健全的安全管理制度，符合法律、法规规定和国家标准要求的其他条件。企业的化工产品必须到指定机构登记，必须有化学品安全技术说明安全标签；企业生产危险化学品必须取得生产许可证；经营、运输单位必须取得相应资质。企业新建、改建、扩建生产装置必须经过审批。《条例》规定：生产、储存、使用危险化学品的，应按危险化学品的种类、特性，在车间、库房等作业场所设置相应的监测、通风、防晒、调温、防火、防爆、泄压、防毒、消毒、中和、防潮、防雷、防静电、防腐、防渗漏、防护围堤或者隔离安全设施、设备，并按照国家标准和国家有关规定进行维护、保养，保证符合安全运行要求。《条例》规定，企业生产储存装置必须定期进行安全评价，企业必须搞好重大危险源管理并制定应急预案。

（五）典型案例

1991 年某日，江西省某农药厂载有有毒化学品一甲胺的汽车，在上饶县某镇，发生泄漏，造成特大中毒事故。

该车装载 2.4t 一甲胺，车内坐有个体户司机、农药厂押车员和 2 名无关人员。9 月 3 日 3 时，汽车行经上饶县，因押车员的父母家在沙溪镇，便将汽车开进沙溪镇新生街。由于夜间光线昏暗，视线不清，新生街上有一半路面被沙石堵占，汽车尽量靠边行驶，刚刚进入新生街 28m 处，车厢上移动槽罐进口阀接口短管被街侧离地 2.5m 高的树枝碰断，槽罐中的一甲胺大量外泄，致使周围约 23 万平方米范围内的居民和行人中毒。中毒人数高达 595 人，其中有 156 人因重度中毒住院治疗，有 37 人因大量吸入一甲胺经抢救无效死亡。周围的树木和农作物枯萎，牲畜、家禽等被毒气熏死，给当地人民群众的生命财产造成了无法挽回的损失。

二、危险化学品储运

（一）危险化学品的包装

1. 安全技术要求

危险化学品必须要有严密良好的包装，可以防止危险化学品因接触雨、雪、阳光、潮湿空气和杂质而变质，或发生剧烈的化学反应而造成事故；可以避免和减少危险物品在储运过程中所受的撞击与摩擦，保证安全运输；可以防止危险化学品泄漏造成事故。因此，对危险化学品的包装，技术上应有严格要求。

① 根据危险化学品的特性选用包装容器的材质，选择适用的封口的密封方式和密封材料。

② 根据危险化学品在运输装卸过程中能够经受正常的摩擦、撞击、震动、挤压及受热，设计包装容器的机械强度，选择适用的材料作为容器口和容器外衬垫、护圈。常用的有橡胶、泡沫塑料等。

2. 危险化学品包装容量和分类

（1）包装容量 为便于搬运装卸，危险化学品小包装容量不宜过大。

（2）包装分类与包装性能试验 按包装结构强度和防护性能及内装物的危险程度，将危险品包装分成以下三类。

① Ⅰ类包装 货物具有较大危险性，包装强度要求高。

② Ⅱ类包装 货物具有中等危险性，包装强度要求较高。

③ Ⅲ类包装 货物具有的危险性小，包装强度要求一般。

《危险货物运输包装通用技术条件》（GB 12463—2009）规定了危险品包装的四种性能试验方法，即堆码试验、跌落试验、气密试验、液压试验。

3. 包装标志

（1）包装储运图示标志 为了保证化学品运输中的安全，《包装储运图示标志》（GB/T 191—2008）规定了运输包装件上提醒储运人员注意的一些图示符号（表 2-7），如防雨、防晒、易碎等，供操作人员在装卸时能针对不同情况进行相应的操作。

表 2-7　包装储运图示标志

说明	图示标志	说明	图示标志
1. 易碎物品 运输包装件内装易碎品,因此搬运时应小心轻放		7. 重心 表明一个单元货物的重心	
2. 禁用手钩 搬运运输包装时禁用手钩	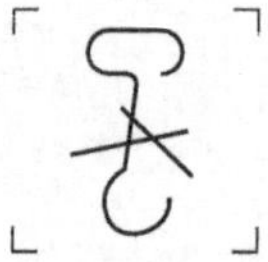	8. 禁止翻滚 不能翻滚运输包装	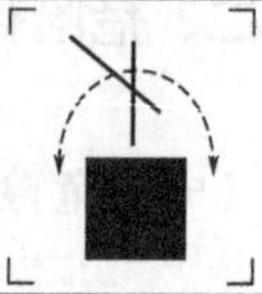
3. 向上 表明运输包装件的正确位置是竖直向上		9. 此面禁用手推车 搬运货物时此面禁放手推车	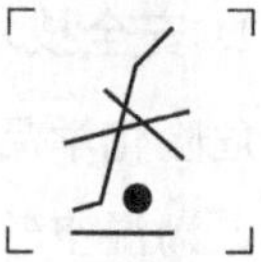
4. 怕晒 表明运输包装件不能直接照射	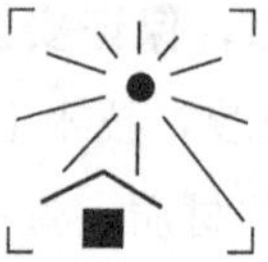	10. 堆码层数极限 相同包装的最大堆码层数,n 表示层数极限	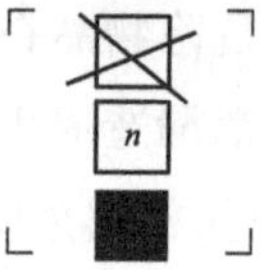
5. 怕辐射 包装物品一旦受辐射便会完全变质或损坏		11. 堆码重量极限 表明该运输包装件所能承受的最大重量极限	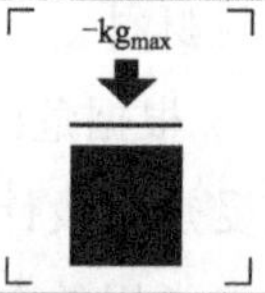
6. 怕雨 包装件怕雨淋		12. 禁止堆码 该包装件不能堆码并且其上也不能放置其他负载	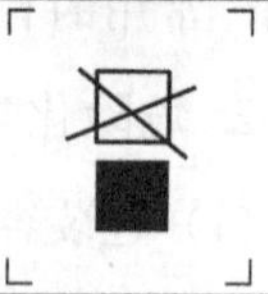

标志1使用示例

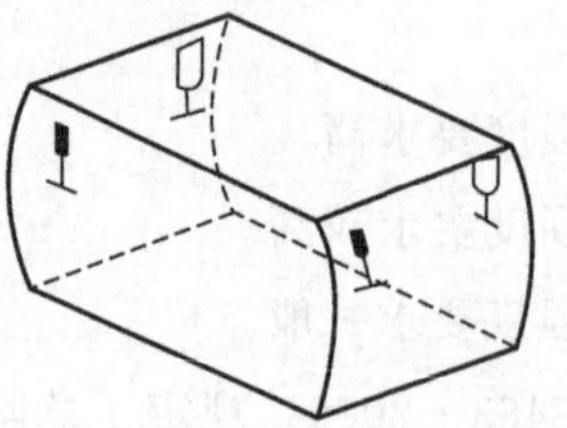

标志3使用示例

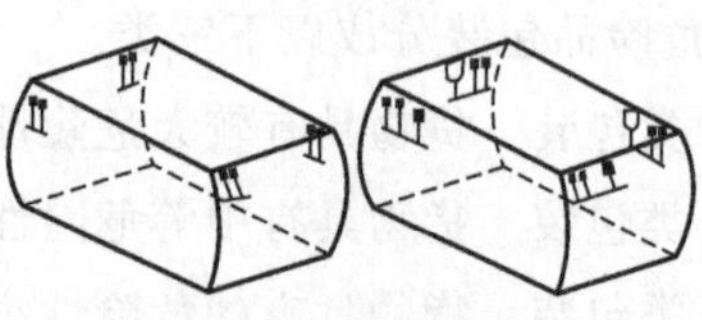

(a)　　　(b)

标志7使用示例

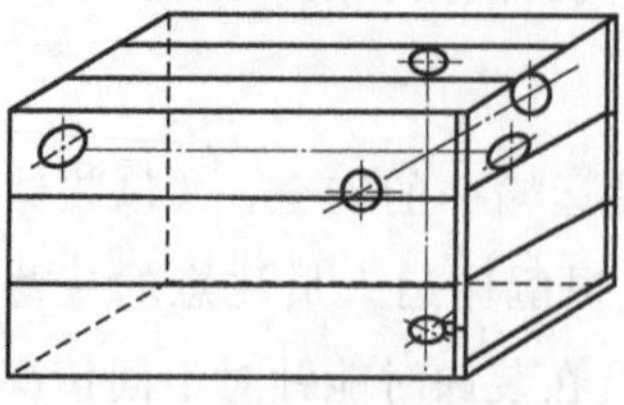

本标志应标在实际的重心位置上

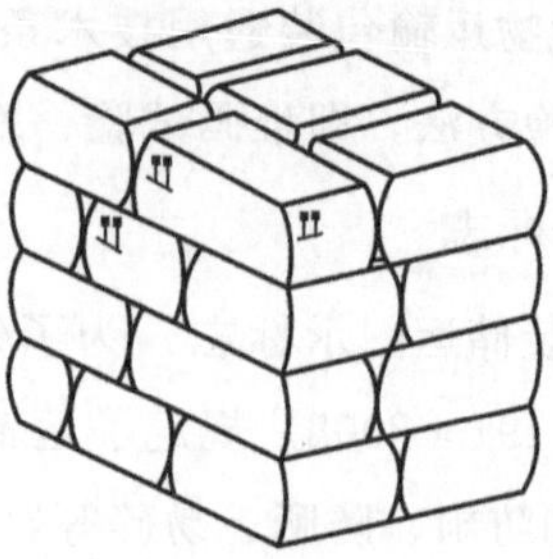

(c)

（2）危险货物包装标志　不同化学品的危险性、危险程度不同，为了使接触者对其危险性一目了然，《危险货物包装标志》（GB 190—2009）规定了危险货物图示标志的类别、名称、尺寸和颜色，共有危险品标志图形 21 种、19 个名称。

4. 危险化学品的安全标签

危险化学品的标签是用文字、图形符号和编码的组合形成表示危险化学品具有的危险性和安全注意事项。在化学品包装上粘贴安全标签，是向化学品接触人员警示其危险性、正确掌握该化学品安全处置方法的良好途径，《化学品安全标签编写规定》（GB 15258—2009）规定了化学品安全标签的内容、制作要求、使用方法及注意事项。本标签随商品流动，一旦发生事故，可从标签上了解到有关处置资料。同时，标签还提供了生产厂家的应急咨询电话，必要时，可通过该电话与生产单位取得联系，得到处理方法。

（1）危险化学品安全标签的内容

① 化学品和其主要有害组分标识

a. 名称主要用中文和英文分别标明化学品的通用名称。名称要求醒目清晰，位于标签的正下方。

b. 化学式　用元素符号和数字表示分子中各原子数，居名称的下方。若有混合物此项可略。

c. 化学成分及组成　标出化学品的主要成分和含有的有害组分含量或浓度。

d. 编号　标明联合国危险货物编号和中国危险货物编号，分别用 UN No. 和 CN No. 表示。

e. 标志　标志采用联合国《关于危险货物运输的建议书》和《化学品分类和危险性公示　通则》（GB 13690—2009）规定的符号。每种化学品最多可选用两个标志。标志符号居标签右边。

② 警示词　根据化学品的危险程度和类别，用"危险""警告""注意"三个词分别进行危害程度的警示，见表 2-8。警示词位于化学品名称的下方，要求醒目、清晰。

表 2-8　警示词与化学品危险性类别的对应关系

警示词	化学品危险性类别
危险	爆炸品易燃气体　有毒气体　低闪点液体　一级自燃品　剧毒品　一级遇湿易燃物品　一级氧化剂　有机过氧化物　一级酸性腐蚀品
警告	不燃气体　中闪点液体　一级易燃固体　二级自燃物品　二级遇湿易燃物品　二级氧化剂　有毒品　二级酸性腐蚀品
注意	高闪点液体　二级易燃固体　有害品　二级碱性腐蚀品　其他腐蚀品

③ 危险性概述　简要概述化学品燃烧爆炸危险性、健康危害和环境危害。居警示词下方。

④ 安全措施　表述化学品在处置、搬运、储存和使用作业中所必须注意的事项和发生意外时简单有效的救护措施等。要求内容简明扼要、重点突出。

⑤ 火灾　化学品为易（可）燃或助燃物质，应提示有效的灭火剂和禁用的灭火剂以及灭火注意事项。

⑥ 批号　注明生产日期及生产班次。

⑦ 安全技术说明书　提示向生产销售企业索取安全技术说明书。

⑧ 生产企业信息　生产企业名称、地址、邮编、电话。

⑨ 应急咨询电话　填写化学品安全企业的应急咨询电话和国家化学事故应急咨询电话。

如苯酚化学品安全标签，见图 2-3。

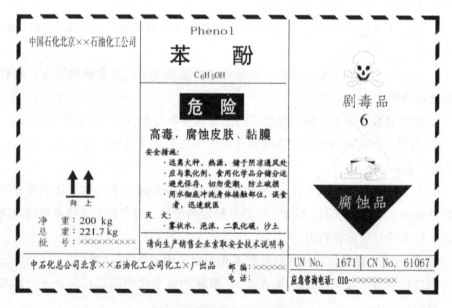

图 2-3　苯酚化学品安全标签

（2）标签使用注意事项

① 标签的粘贴、挂挂、喷印应牢固，保证在运输、储存期间不脱落、不损坏。

② 标签应有生产企业在货物出厂前粘贴、挂挂、喷印。若要改换包装，则由改换包装单位重新粘贴、挂挂、喷印标签。

③ 盛装化学品的容器或包装，在经过处理并确认其危害性完全消除之后，方

可撕下标签，否则不能撕下相应的标签。

（3）作业场所化学品安全标签

① 作业场所安全标签内容组成

a. 危险性和个体防护的表示。

b. 危险性概述。

c. 特性。

d. 健康危害。

e. 应急急救信息。

作业场所 1,1-二氯乙烷安全标签，见图 2-4。

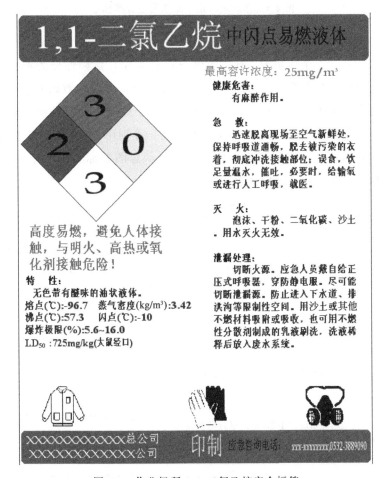

图 2-4　作业场所 1,1-二氯乙烷安全标签

② 作业场所化学品安全标签信息　作业场所化学品安全标签中，危险性分级标志，见图 2-5。标志中大菱形内有 4 个小菱形分别用四种颜色表示：

图 2-5　作业场所化学品危险性分级标志

蓝色（左）——毒性；红色（上）——燃烧危险性；黄色（右）——反应活性；白色（下）——个体防护。在危险性分级标志中，危险性分为毒性、燃烧危险性、反应活性，分别为 0~4 五级，用 0、1、2、3、4 黑色数码表示，并填入各自对应的菱形图案中，数字越大，危险性越大。个体防护分级是根据作业场所的特点和化学品危险性大小，提出九级防护方案。分别用 1~9 九个黑色数码和 11个示意图形表示，黑色数码填入白色菱形中，示意图置标签的下方，数码越大，防护级别越高。个体防护级别见表 2-9。

表 2-9　人体防护级别

级别	防护措施	适用范围
9	全封闭防毒服,特殊防护手套,自给式呼吸器	环境中氧浓度低于 18%,所接触毒物为剧毒及毒物浓度较高的场所;强刺激、强腐蚀性的场所
8	防护服,特殊防护手套,自给式呼吸器	环境中氧浓度低于 18%,所接触毒物为高毒物或具有窒息性气体的场所
7	防护服,特殊防护手套,全面罩防毒面具	环境中氧浓度高于 18%,所接触毒物为高毒物及毒物浓度较高的场所;刺激性和腐蚀性均较强的场所
6	防护服,特殊防护手套,半面罩防毒面具,防护眼镜	环境中氧浓度高于 18%,所接触毒物为中等毒物及浓度较高且其刺激性和腐蚀性均较弱的场所
5	防护服,特殊防护手套,防尘口罩	环境中氧浓度高于 18%,所接触粉尘具低毒性且浓度较低的场所

续表

级别	防护措施	适用范围
4	防护服,特殊防护手套,半面罩防护面具	所接触的物质刺激性强、腐蚀性强但具有低毒性的场所
3	防护服,特殊防护手套,半面罩防毒面具	所接触的物质具有低毒性及刺激性、腐蚀性均较弱的场所
2	防护服,特殊防护手套,防护眼镜	所接触的物质刺激性较弱的场所
1	防护服,一般防护手套	所接触的物质微毒、微腐蚀性、无刺激性的场所

（4）作业场所安全标签的使用作业场所　安全标签应在生产、操作处置、储存、使用等场所明显处进行张贴或拴挂；其张贴和拴挂的形式可根据作业场所而定，如可张贴在墙上、装置或容器上，也可单独立牌。

5. 危险化学品的安全技术说明书

（1）危险化学品的安全技术说明书的定义　危险化学品安全技术说明书详细描述了化学品的燃爆、毒性和环境危害，给出了安全防护、急救措施、安全储运、泄漏应急处理、法规等方面信息，是了解化学品安全卫生信息的综合性资料。主要用途是在化学品的生产企业与经营单位和用户之间建立一套信息网络。

危险化学品的安全技术说明书国际上称作化学品安全信息卡，简称 MSDS 或 CSDS。

（2）危险化学品的安全技术说明书的主要作用

① 是化学品安全生产、安全流通、安全使用的指导性文件。

② 是应急作业人员进行应急作业时的技术指南。

③ 为制定危险化学品安全操作规程提供技术信息。

④ 是企业进行安全教育的重要内容。

（3）危险化学品的安全技术说明书的内容　危险化学品的安全技术说明书包括以下 16 个部分的内容。

① 危险化学品及企业标识　主要标明化学品名称、生产企业名称、地址、邮编、电话、应急电话、传真等信息。

② 成分/组分信息　标明该化学品是纯化学品还是混合物，如果其中含有有害性组分，则应给出化学文摘索引登记号（CAS号）。

③ 危险性概述　简述本化学品最重要的危害和效应，主要包括危险类别、侵入途径、健康危害、环境危害、燃爆危险等信息。

④ 急救措施　主要是指作业人员受到意外伤害时，所需采取的现场自救或互救的简要处理方法，包括眼睛接触、皮肤接触、吸入、食入的急救措施。

⑤ 消防措施　主要表示化学品的物理和化学特殊危险性，合适灭火介质，不合适的灭火介质以及消防人员个体防护等方面的信息，包括危险特性、灭火介质和方法、灭火注意事项等。

⑥ 泄漏应急处理　指化学品泄漏后现场可采用的简单有效的应急措施和消除方法，包括应急行动、应急人员防护、环保措施、消除方法等内容。

⑦ 操作处理与储存　主要是指化学品操作处理和安全储存方面的信息资料，包括操作处置作业中的安全注意事项、安全储存条件和注意事项。

⑧ 接触控制/个体防护　主要指为保护作业人员免受化学品危害而采用的防护方法和手段，包括最高允许浓度、工程控制、呼吸系统防护、眼睛防护、身体防护、手防护、其他防护要求。

⑨ 理化特性　主要描述化学品的外观及主要理化性质。

⑩ 稳定性和反应性　主要叙述化学品的稳定性和反应活性方面的信息。

⑪ 生态学资料　主要叙述化学品的环境生态效应、行为和转归。

⑫ 毒理学资料　主要是指化学品的毒性、刺激性、致癌性等。

⑬ 废弃处理　包括危险化学品的安全处理方法和注意事项。

⑭ 运输信息　主要是指国内、国际化学品包装、运输的要求及规定的分类和编号。

⑮ 法规信息　主要指化学品管理方面的法律条款和标准。

⑯ 其他信息　主要提供其他对安全有重要意义的信息，如填表时间、数据审核单位等。

（4）使用要求

① 安全技术说明书由化学品的生产供应企业编印，在交付商品时提供给用户，作为用户的一种服务，随商品在市场上流通。

② 危险化学品的用户在接收使用化学品时，要认真阅读安全技术说明书，了解和掌握其危险性。

③ 根据危险化学品的危险性，结合使用情形，制定安全操作规程，培训作业人员。

④ 按照安全技术说明书制订安全防护措施。

⑤ 按照安全技术说明书制订急救措施。

⑥ 安全技术说明书的内容，每五年更新一次。

（二）危险化学品的储存

危险化学品仓库是易燃、易爆和有毒害物品储存的场所。库址必须选择适当，布局合理。建筑条件应符合《建筑设计防火规范》（GB 50016—2014）的要求，并进行科学管理，确保储存和保管的安全。

1. 分类储存

危险化学品的储存应根据危险化学品品种特性，严格按照表 2-10 的规定分类储存。

表 2-10　危险化学品分类储存原则

组别	物质名称	储存原则	附注
一	爆炸性物质,如叠氮化铅、雷汞、三硝基甲苯、硝铵炸药等	不准和其他类物品同储,必须单独储存	
二	易燃和可燃液体,如汽油、苯、丙酮、乙醇、乙醚、松节油等	避热储存,不准与氧化剂及有氧化性的酸类混合储存	
三	压缩气体和液化气体、易燃气体,如氢气、甲烷、乙烯、乙炔、一氧化碳等	除不燃气体外,不准和其他类物品同储	
三	不燃气体,如氮气、二氧化碳、氩、氖等	除助燃气体、氧化剂外,不准和其他类物品同储	
三	有毒气体,如氯气、二氧化硫、氨气、氰化氢等	除不燃气体外,不准和其他类物品同储	经常检查有否漏气情况
四	遇水或空气能自燃物品,如钾、钠、黄磷、锌粉、铝粉、碳化钙等	不准和其他类物品同储	钾、钠必须浸入煤油或石蜡中储存,黄磷浸入水中储存
五	易燃固体,如红磷、萘、硫黄、三硝基苯等	不准和其他类物品同储	
六	能形成爆炸混合物的氧化剂,如氯酸钾、硝酸钾、次氯酸钙、过氧化钠等;能引起燃烧的氧化剂,如溴、硝酸、硫酸、高锰酸钾等	除惰性气体外,不准和其他类物品同储	各种氧化剂亦不可任意混储
七	有毒物品,如氰化钾、三氧化二砷、氯化汞等	不准和其他类物品同储,储存在阴凉、通风、干燥的场所,不要露天存放,不要接近酸类物质	
八	腐蚀性物品,如硝酸、硫酸、氢氧化钠、硫化钠、苯酚钠等	严禁与液化气体和其他类物品同储,包装必须严密,不允许泄漏	

危险物品的储存必须严格执行以下几点：

① 放射性物品不能与其他危险物品同库储存；

② 炸药不能与起爆器材同库储存；

③ 仓库已储存炸药或起爆器材，在未搬出清库前不能再搬进与储存规格不同的炸药或起爆器材同库储存；

④ 炸药不能和爆炸性药品同库储存；

⑤ 各类危险品不得与禁忌物料混合储存，灭火方法不同的危险化学品不能同库储存；

⑥ 所有爆炸物品都不能与酸、碱、盐类、活泼金属和氧化剂等存放在一起；

⑦ 遇水燃烧、易燃、易爆及液化气体等危险物品不能在露天场地储存。

2. 专用仓库

（1）专用仓库　危险化学品必须储存在专用仓库或专用槽罐区域内，且不能超过规定储存的数量，并应与生产车间、居民区、交通要道、输电和电信线路留有适当的安全距离。

（2）专用仓库的修建　危险化学品专用仓库的修建应符合有关安全、防火规定，并应根据物品的种类、性质设置相应的通风、防爆、泄压、防害、防静电、防晒、调温、防护围堤、防火灭火和通信报警信号等安全设施。

3. 专用仓库的管理

危险物品专用仓库应设专人管理，要建立健全仓库物品出入库验收发放管理制度，特别是对剧毒、炸药、放射性物品的仓库，应严格地规定两人收发、两人记账、两人两锁、两人运输装卸、两人领用的相互配合监督安全的管理制度；建立库区内防火制度，配备防火设施，并严禁在库区内使用明火及带进打火机，禁止吸烟，进出人员不能穿易产生静电火花的衣物和带铁钉的鞋底，进入库区的机动车辆必须装有防火灭火的安全设施，库区内外设有明显的禁止动火的标志和标语，以警告群众周知；仓库应配备一定的安全防护用品和器具，供保管人员使用、进出人员临时借用；建立专用库区的安全检查和报告制度，及时消除隐患，以保安全。

（三）危险化学品装卸和运输

根据危险化学品的种类和性质，要科学地安排装卸和运输，必须按照我国危险货物运输管理法规要求，组织管理工作，要做到：三定，即定人、定车和定点；三落实，即发货、装卸货物和提货工作要落实。装卸运输危险化学品应做好以下安全工作。

1. 装卸场地和运输设备

① 危险化学品的发货、中转和到货，都应在远离市区的指定专用车站或码头装卸货物。

② 危险化学品的运输设备，要根据危险物品的类别和性质合理选用车、船等。

③ 装运危险化学品的车、船、装卸工具，必须符合防火防爆规定，并装设相应的防火、防爆、防毒、防水、防晒等设施，并配备相应的消防器具和防毒器具。

④ 危险化学品的装卸场地和运输设备（车、船等），在危险物品装卸前后都要进行清扫或清洗，扫出的垃圾和残渣应放入专用容器内，以便统一安全处理。

2. 装卸和运输

① 装运危险化学品应遵守危险货物配装规定，性质相抵触的物品不能一同混装。

② 装卸危险化学品，必须轻拿轻放，防止撞击、摩擦和倾斜，不得损坏包装容器，包装外的标志要保持完好。

③ 装运危险化学品的车辆，应按指定的专人开车、指定的运输路线、指定的行驶速度运送货物。

④ 装运危险化学品的车船，不宜经过繁华市区道路上行驶和停车，不能在行驶途中随意装上其他货物或卸下危险品。停运时应保持装运危险物品的车船与其他车船、明火场所、高压电线、仓库和居民密集的区域保持一定的安全距离。严禁滑车和强行超车。

3. 人员培训和安全要求

① 危险化学品的装卸和运输工作，应选派责任心强、经过安全防护技能培训的人员承担。

② 装运危险化学品的车船上，应有装运危险物的警示标志，见图 2-6。

③ 装卸危险化学品的人员，应按规定穿戴相应的劳动保护用品。

④ 运送爆炸、剧毒和放射性物品时，应按照公安部门规定指派押运人员。

4. 危险化学品的使用和报废处理

（1）危险化学品的使用

① 危险化学品特别是爆炸、剧毒、放射性物品的使用单位必须按规定申报使用量和相应的防护措施，限期使用完，剩余量按退库保管。

② 剧毒、放射性物品使用场所和领用人员，必须配备、穿戴特殊的个人防护

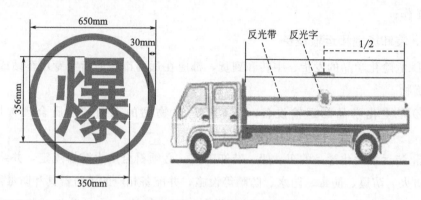

图 2-6　危险化学品运输过程中的警示标志

器材，工作完更换保护器材，才能离开作业场所。

③ 严禁使用剧毒物品的人员直接用手触摸剧毒物品，不能在放置剧毒物品场所饮食，以防中毒，并应在保存、使用剧毒物品场所配备一定数量的解毒药品，以备急救使用。

（2）危险化学品的报废处理

① 爆炸、剧毒和放射性物品废弃物的报废处理，由使用单位提出报废申请，制定周密的安全保障措施，送当地有关管理部门批准后，在安全、公安人员的监督下进行报废处理。

② 危险化学品的包装箱、纸袋、木桶以及仓库、车船上清扫的垃圾和废渣等，使用单位应严格管理、回收、登记造表、申请报废，经过上级主管职能单位批准，在安全技术人员和公安人员的监护下，进行安全销毁。

③ 铁制及塑料等包装容器经过清洗或消毒合格后，可以再用或改用。

④ 企业生产使用的设备、管道及金属容器含有危险物品的必须经过清洗或惰性气体置换处理合格后，方可报废拆卸，按废金属材料回收。

⑤ 化工企业生产中剩余的农药、电石、腐蚀物、易燃固体和清扫储存的有毒废物废渣，应严加管理，进行安全处理，不能随同一般垃圾废物运出厂外堆置，以防污染环境，危害人民。

（四）典型案例

【案例 1】1993 年 8 月，深圳市某危险物品储运公司，由于 4 号仓库内过硫酸铵（强氧化剂）和硫化碱（还原剂）混存，而过硫酸铵不稳定，极易放出臭氧，扩散接触硫化碱，引发了激烈的氧化还原反应，形成大量热积累，导致起火燃烧。4 号仓库的燃烧，引燃了库区多种可燃物质，库区空气温度升高，使多种化学危险品处于被持续加热状态。6号仓库内存放的约30t有机易燃液体被加热到沸点以上，快速挥发，冲破包装，和空气、烟气形成爆炸性混合物，继而引发了燃爆，出现闪光和火球，引发该仓库内存放的硝酸铵第二次剧烈爆炸。这起事故共造成15人死亡，200多人受伤，其中重伤25人，直接经济损失超过2.5亿元。

事故的主要原因是干杂仓库被违章改作化学危险品仓库及仓内存在严重违章作业。4号仓库内混存的氧化剂与还原剂接触是事故的直接原因。储运公司安全管理混乱，冒险蛮干。货物到达才临时指定仓库堆放的现象时有发生，仓管员和搬运工仅根据仓库剩余空间大小决定存放地点和存放方式，混存混装习以为常。危险品接卸过程，不按规范化程序执行，违章指挥、违章作业、有令不行、有禁不止，决定了发生事故的必然性。

【案例2】2001年7月湖南湘乡市某铁合金集团有限公司2#原料仓库，在两个多小时内断续发生10次爆炸，经济损失惨重。事故直接原因是该仓库内存放了约400t易燃的硫黄和31t能助燃的强氧化剂氯酸钾，违反常识放在一个库房内。由于硫黄数量巨大，硫黄燃烧产生的热量使硫黄液化并到处流淌，6h后才将火灾扑灭。

【案例3】深圳"8·5"特大爆炸火灾事故。1993年8月5日，深圳市某企业危险化学品仓库发生严重爆炸事故，死亡15人，伤200多人，直接经济损失超过2.5亿元。该仓库原为干杂仓库，违章改为危险化学品仓库。仓库内化学危险品存放严重违章，大量氧化剂高锰酸钾、过硫酸铵、硝酸铵、硝酸钾等与强还原剂硫化碱、可燃物樟脑精等混存在仓库内，强氧化剂和强还原剂混存、接触，发生激烈氧化还原反应，形成热积累，导致起火燃烧。这是发生事故的直接原因。仓库内化学危险品品种杂、数量特别大是事故损失巨大的主要原因。

【案例4】拆除废旧化工原料储罐爆炸事故。2008年1月7日，山西省太原市某科贸有限公司在拆除废旧化工原料储罐时发生爆炸事故，造成4人死亡，4人受伤。拆除前，对于24个原用于储存甲苯、二甲苯、汽油、酒精等危险化学品的储罐未进行置换，对库房地沟和地面大量残油未进行清理。在未对作业场所进行动火分析、办理动火作业许可证的情况下，雇用的7名民工分两组使用气割工具进行动火拆除作业时发生爆炸。

【案例5】化工厂危险废弃物外泄事故。江都市某精细化工厂原二甲基甲酰胺生产车间，在拆除生产设备之后，尚有60余只内装大量化工残液的废桶未能妥善处置。该车间原承包人擅自将这些废桶卖给废品回收人员。2007年11月23日，回收人处置不当，导致化工废液外泄进入厂区东侧水塘，并挥发形成大量的雾状气体，造成邻近区域空气质量急剧恶化。

第二节　工业毒物危害类别

在化工生产中，其原料、中间产物以及成品大多是有毒有害的物质。由于这些物质在生产过程中形成粉尘、烟雾或气体，如果散发出来便会侵入人体，引起各种不同程度的损害，严重的会导致职业中毒或职业病。

一、毒性物质类别与有效剂量

（一）毒物概述

有些物质进入机体并累积到一定量后，就会与机体组织和体液发生生物化学作用或生物物理学变化，扰乱或破坏机体的正常生理功能，引起暂时性或持久性的病理状态，甚至危及生命安全，这些物质称为毒物。由毒物侵入人的机体而导致的病理状态称为中毒。工业生产中接触到的毒物主要是化学物质，称为工业毒物。在生产过程中由于接触化学毒物而引起的中毒称为职业中毒。

（二）毒物分类

1. 按物理形态分类

（1）粉尘　是指漂浮于空气中的固体颗粒，直径大于 $0.1\mu m$。主要产生于固体物料粉碎、研磨过程。

（2）烟尘　是指悬浮在空气中的烟状固体微粒，直径小于 $0.1\mu m$。主要是生产过程中产生的金属蒸气等在空气中氧化而成。

（3）雾　是指悬浮于空气中的微小液滴，多由蒸气冷凝或液体喷散而成，如喷漆作业中的含苯漆雾、硫酸雾、盐酸雾等。

（4）蒸气　是指由液体蒸发或固体升华而形成的气体。前者如苯乙醚、二氯乙烷蒸气等，后者如碘、萘蒸气等。

（5）气体　常温常压下呈气态的物质。如氯、一氧化碳、硫化氢、二氧化硫等。

2. 按生物作用分类

（1）刺激性毒物　此类毒物直接作用于机体组织会引起组织发炎，如酸的蒸气、氯气、氨气、二氧化硫、硫化氢等。

（2）窒息性毒物　此类毒物会引起单纯窒息或化学窒息而危及健康，如氮气、氢气、二氧化碳、一氧化碳等。

（3）麻醉性毒物　此类毒物主要对神经系统有麻醉作用，如芳香族化合物、醇类、醚类、苯胺等。

（4）溶血性毒物　此类毒物有溶血作用，可引起血红蛋白变性、溶血性贫血，如苯、二甲苯胺、硝基苯胺、二硝基氯化苯、对硝基苯胺、苯肼、邻硝基氯苯等。

（5）腐蚀性毒物　此类毒物有腐蚀作用，引起呼吸道腐蚀病变，如溴、重铬酸盐、硝酸、五氧化二磷等。

（6）致敏性毒物　此类毒物有致敏作用，可引起过敏性皮炎、过敏性哮喘，如镍盐、碘蒸气、马来酸酐等。

（7）致癌性毒物　此类毒物有致癌作用，如蒽、二氯甲基醚、联苯胺、氯乙烯、1,2-苯并芘等。

（8）致畸性毒物　长期接触此类毒物可以引起机体畸形，或作用于母体引起胎儿畸形，如甲基苯、多氯联苯、有机磷农药等。

（9）致突变性毒物　此类毒物能引起生物体细胞的遗传信息和遗传物质发生突变，如环氧乙烷、呋喃等。

3. 按化学性质和用途相结合的方法分类

（1）金属、类金属及其化合物　毒物元素中最多的一类，如铅、铬、砷等。

（2）卤素及其无机化合物　如氟、氯、溴、碘等及其化合物。

（3）强酸和强碱性物质　如硫酸、硝酸、氢氧化钠等。

（4）氧、氮、碳的无机化合物　如臭氧、二氧化氮、一氧化碳等。

（5）窒息性惰性气体　如氢气、氖气、氮气等。

（6）有机毒物　按化学结构可进一步分为脂肪烃类、芳香烃类、卤代烃、氨基及硝基化合物、醇、醚、醛、酮、酸、腈等。

（7）农药类　如有机磷、有机氯、有机氮等。

（8）染料及中间体、合成树脂、橡胶、纤维等。

（三）毒物的毒性

毒性是用来表示毒性物质的剂量与毒害作用之间关系的一个概念。

1. 毒性评价指标

研究一种化学物质的毒性时最通用的是剂量-响应关系，以试验动物的死亡作为终点，测定毒物引起动物死亡的剂量或浓度。

剂量通常以 mg/kg（每千克动物体重量需要毒物的毫克数）或 mg/m^2（每平方米动物体表面积需要毒物的毫克数）表示。毒物毒性常用的评价指标有以下几种。

（1）LD_{100} 或 LC_{100} 表示绝对致死量或浓度，即能引起实验动物全部死亡的最小剂量或最低浓度。

（2）LD_{50} 或 LC_{50} 表示半数致死量或浓度，即能引起实验动物的 50% 死亡的剂量或浓度。这是将动物实验所得数据经统计处理而得的。

（3）MLD 或 MLC 表示最小致死剂量或浓度，即能引起实验动物中个别动物死亡的剂量或浓度。

（4）LD_0 或 LC_0 表示最大耐受剂量或浓度，即不能引起实验动物死亡，但全组染毒后动物全部存活的最大剂量或浓度。

2. 分级

在各种评价指标中，常用半数致死量来衡量各种有毒品的急性毒性大小。按照有毒品的半数致死量大小，可将有毒品的急性毒性分为五级，见表 2-11。

表 2-11　化学物质急性毒性分级

毒性分级	大鼠一次经口 LD_{50} /[mg/kg（体重）]	6 只大鼠吸入 4h 死亡 2～4 只的浓度 /(mg/m^3)	兔涂皮时 LD_{50} /[mg/kg（体重）]	对人可能致死量	
				/[g/kg（体重）]	60kg 体重总量/g
剧毒	<1	<10	<5	<0.05	0.1
高毒	1～50	10～100	5～44	0.05～0.5	3
中等毒	50～500	100～1000	44～350	0.5～5.0	30
低毒	500～5000	1000～10000	350～2180	5.0～15.0	250
微毒	>5000	>10000	>2180	>15.0	>1000

二、毒物进入人体的途径与毒理作用

（一）毒物侵入人体的途径

1. 呼吸道

人体肺泡表面积为 90～160m^2，每天吸入空气 12m^3，约 15kg。空气在肺泡内流速慢，接触时间长，同时肺泡壁薄、血液丰富，这些都有利于吸收。所以呼吸道是生产性毒物侵入人体的最重要的途径。在生产环境中，即使空气中有害物质含量较低，每天也将有一定量的毒物通过呼吸道侵入人体。

2. 皮肤

有些毒物可透过无损皮肤通过表皮、毛囊、汗腺导管等途径侵入人体。经皮肤侵入人体的毒物，不先经过肝脏的解毒而直接随血液循环分布于全身。黏膜吸收毒物的能力远比皮肤强。部分粉尘也可通过黏膜侵入人体。

3. 消化道

许多毒物可通过口腔进入消化道而被吸收。此类中毒往往是由于吞咽由呼吸道进入的毒物，或食用被污染的食物而引起的。毒物由小肠吸收，经肝脏解毒，未被解毒的物质进入血液循环。因此，只要不是一次性大量服入，后果都比较轻。

（二）毒物在人体内的分布、生物转化及排出

毒物被人体吸收后，人体通过神经、体液的调节将毒性减弱，或将其蓄积于体内，或将其排出体外，以维持人体与外界环境的平衡。

1. 毒物在人体内的分布

毒物被人体吸收后，由于毒物本身的理化特性及体内组织、生化特点，可使毒物相对集中于某些组织或器官中，即表现出毒物对这些组织的"亲和力"或"选择性"。如铅、汞、砷等金属、类金属毒物，主要分布在骨骼、肝、肾、肠、肺等部位；苯、二硫化碳等溶剂类毒物多分布于骨髓、脑髓和脂肪的组织中；脂溶性毒物易与脂肪组织、乳糜粒亲和；碘对甲状腺、汞对肾脏等有特殊亲和力。

2. 毒物在人体内的生物转化

毒物被吸收到体内后会发生一系列化学变化，称为生物转化，也就是毒物在体内的代谢。其代谢过程有氧化、还原、水解、合成。其中氧化过程最多。

多数毒物经代谢后，其毒性降低，这就是解毒作用。少数毒物代谢过程中毒性反而增大，但经进一步代谢后，仍可失去或降低毒性。

代谢过程主要是在肝脏进行。在其他组织中只有部分的代谢作用。

3. 毒物的排出

进入体内的毒物在转化前和转化后，均可由呼吸道、肾脏及肠道途径排出。

气体及易挥发性毒物主要经呼吸道排出，如在体液中几乎不起变化的苯、汽油及水溶性小的三氯甲烷、乙醚等，均可很快地以原形态经呼吸道排出；水溶性毒物大部分经肾脏排出；重金属及少数生物碱等经肠道排出。

三、典型案例

【**案例 1**】2001 年 7 月 12 日 17 时左右，某建筑工地防水工史某与班长 2 人在未穿戴任何防护用品的情况下进入一个地下坑内面积约为 $2m \times 2m$ 的小池进行防水作业，另一名工人马某在地面守候。约 19 时许，班长晕倒在防水作业池内，史某奋力将班长推到池口后便失去知觉倒在池底。马某见状，迅速报告公司负责人。约 20 时，经向坑内吹氧，抢救人员陆续将 2 名中毒人员救至地面。经急救中心医生现场诊断，史某已死亡。班长经救治脱离危险。

事故现场经吹氧后 2h，防水池底部空气中苯浓度范围仍达 $17.9 \sim 36.8mg/m^3$，平均 $23.9mg/m^3$，其他部位均可检出一定量的苯。估计事发时现场空气中苯的浓度可能会更高。苯作为工业毒物的一种，对人体损害极大。现场作业时有害物质浓度必须低于国家标准。

【案例 2】某灯泡厂点焊工，女，39 岁，接触汞蒸气 9 年。车间为一地下室，有排风扇 6 个。个人防护差，仅有工作服、纱布口罩。每日工作 10h，每班安装日光灯 3000~4000 个。生产工艺中改管、封口、退镀、点焊均接触汞蒸气。

患者开始头晕、头痛，乏力，伴失眠、多梦，记忆力减退。几年后症状逐渐加重，有情感改变，易怒爱哭，刷牙时牙龈易出血，口腔有异味。1989 年 7 月住院治疗，经市职业病诊断小组诊断为职业性慢性轻度汞中毒，于 1990 年 2 月好转出院。

患者出院后神经精神症状加重，出现多疑、易怒、易激惹、情绪抑郁，生活懒散，对生活失去信心，想寻死，常常无端大哭大闹，对家庭和社会漠不关心，曾多次被家人送到精神病医院治疗。诊断为慢性汞中毒后精神障碍，后经反复治疗，患者好转。

第三节　中毒的救护及预防

一、中毒的类型

在毒物分布较集中的器官和组织中，即使停止接触，仍有该毒物存在。如果继续接触，则该毒物在此器官或组织中的量会继续增加，这就是毒物的蓄积作用。

当蓄积超过一定量时，会表现出慢性中毒的症状。所谓慢性中毒，是指毒物小剂量长期进入人体所引起的中毒。此类毒物绝大多数具有蓄积性。若在较短时间内（3~6 个月）有较大剂量毒物进入人体，所产生的中毒称为亚急性中毒；若毒物一次或短时间内大量进入人体，所产生的中毒称为急性中毒。慢性中毒患者，当饮酒、外伤、过劳时，毒物可从蓄积的组织或器官中释放出来，大量进入血液循环，可引起慢性中毒的急性发作。

二、中毒对人体系统器官的损害

（一）急性中毒对人体的危害

（1）对呼吸系统的危害 如刺激性气体、有害蒸气、烟雾和粉尘等毒物，吸入后会引起窒息、呼吸道炎症和肺水肿等病症。

（2）对神经系统的危害 如四乙基铅、有机汞化合物、苯、二硫化碳、环氧乙烷、甲醇及有机磷农药等，作用于人体会引起中毒性脑病、中毒性周围神经炎和神经衰弱，出现头晕、头痛、乏力、恶心、呕吐、嗜睡、视力模糊、幻觉障碍、复视，出现植物神经紊乱以及不同程度的意识障碍、昏迷、抽搐等，甚至出现精神分裂、狂躁、忧郁等症。

（3）对血液系统的危害 如苯、硝基苯、苯肼等，作用于人体可导致白细胞数量变化、高血红蛋白和溶血性贫血。

（4）对泌尿系统的危害 如升汞、四氯化碳等，作用于人体可引起急性肾小球坏死，造成肾损坏。

（5）对循环系统的危害 如锑、砷、有机汞农药、汽油、苯等，均可引起心律失常等心脏病症。

（6）对消化系统的危害 如经口的汞、砷、铅等中毒，均会引起严重恶心、呕吐、腹痛、腹泻等症；硝基苯、三硝基甲苯等会引起中毒性肝炎。

（7）对皮肤的危害 如二硫化碳、苯、硝基苯、萘等，会刺激皮肤，造成皮炎、湿疹、痤疮、毛囊炎、溃疡、皮肤干裂、瘙痒等症。

（8）对眼睛的危害 化学物质接触眼部或飞溅入眼部，可造成色素沉着、过敏反应、刺激炎症、腐蚀灼伤等。

（二）慢性中毒对人体的危害

慢性中毒的毒物作用于人体的速度缓慢，要经过较长的时间才会发生病变，或长期接触少量毒物，毒物在人体内积累到一定程度引起病变。慢性中毒一般潜伏期比较长，发病缓慢，因此容易被忽视。由于慢性中毒病理变化缓慢，往往在短期内很难治愈，因此防止慢性中毒和防止急性中毒一样，是化工生产劳动保护职业中毒管理十分重要的内容。

慢性中毒依不同的毒物的毒性不同，造成的危害也不同。常见的慢性中毒引起的病症有中毒性脑脊髓损坏、神经衰弱、精神障碍、贫血、中毒性肝炎、肾衰、支气管炎、心血管病变、癌症、畸形、基因突变等。

三、常见毒物及其危害

表 2-12 所示为常见有毒物质的危害性。

表 2-12　常见有毒物质的危害性

物质名称	危害性
氯气	损害上呼吸道及支气管黏膜,引起支气管炎,严重的会引起肺水肿,高浓度吸入可造成心脏停搏、死亡
光气	毒性比氯气大 10 倍。经呼吸道进入,主要危害是干扰细胞正常代谢,导致化学性肺炎和肺水肿,甚至死亡
氮氧化物	损害呼吸系统,在肺泡中与水生成硝酸和亚硝酸,对肺组织产生强烈的刺激和腐蚀,引起肺水肿;进入血液后,引起血压下降,并与血红蛋白作用生成高铁血红蛋白,引起组织缺氧
二氧化硫	被吸入呼吸道,在黏膜表面形成硫酸和亚硫酸,产生强烈刺激和腐蚀作用。大量吸入可引起喉水肿、肺水肿,造成窒息
氨	对上呼吸道有刺激和腐蚀作用,高浓度可引起化学灼伤,损伤呼吸道和肺泡,发生支气管炎、肺炎和肺水肿
一氧化碳	被吸入后,通过肺进入血液,与血红蛋白形成碳氧血红蛋白,造成全身组织缺氧
汞	主要是其蒸气由呼吸道进入。进入人体后与体内的活性酶会发生作用,而使酶失去活性,造成细胞损害,导致中毒,如造成肾小球和近端肾小管损伤
铅	属全身性毒物,可通过消化道和呼吸道进入人体。进入人体后主要是影响血红色素的合成,造成贫血。还可引起血管痉挛、视网膜小动脉痉挛和高血压等。对脑、肝等器官也有损害
苯	主要通过呼吸道进入人体。其危害主要是损害造血系统和神经系统

四、防毒防护措施

(一)防护急救措施

1. 救护者的个人防护

作业人员进行事故处理、抢救、检修及正常生产工作中,为保证安全与健康,防止意外事故的发生,要采取个人防护措施。个人防护分为皮肤防护和呼吸防护。

皮肤防护主要依靠个人防护用品,如穿防护服、工作鞋,戴工作帽、防护手套、防护眼镜等,这些防护用品可以避免有毒物质与人体皮肤的接触。对于外露的皮肤,则需涂上皮肤防护油膏。常见的皮肤防护油膏有单纯的防水用软膏、防水溶性刺激物的油膏、防油溶性刺激物的软膏、防光感性软膏等。

保护呼吸器官用防毒的呼吸器材，可分为过滤式和隔离式两类。

2. 切断毒物来源

生产和检修现场发生的急性中毒，多是由设备损坏或泄漏致使大量毒物外逸所造成的。若能及时、正确地抢救，对于挽救中毒者生命、减轻中毒程度、防止中毒综合征具有重要意义。

救护人员进入现场后在对中毒者进行抢救的同时，应迅速明毒物源，采取果断措施切断毒物源，避免毒物进一步外泄。对于已经扩散的有害气体、蒸气应立即启动通风设备和开启门窗以及采取中和等措施，降低空气中有害物含量。

3. 采取有效措施防止毒物继续侵入人体

(1) 迅速脱离毒源　救护人员进入现场后，应该争分夺秒地对中毒者开始施救。应使中毒者迅速脱离毒源，将中毒者转移至有新鲜空气处。搬运患者时，要使患者侧卧或仰卧，保持头低位，并注意保温。

(2) 清洗皮肤、黏膜　清除毒物防止其沾染皮肤和黏膜。迅速脱掉中毒者被污染的衣服、鞋帽、手套等，并立即用大量清水或中和液彻底清洗被污染皮肤、毛发甚至指甲缝。对于遇水能反应的物质，应先用干布或者其他能吸收液体的东西抹去污染物，再用水冲洗。

较大面积的冲洗，要注意防止着凉，必要时可将冲洗液保持接近体温的温度。

(3) 冲洗眼睛　毒物进入眼睛时，应用大量流水缓慢冲洗眼睛 15min 以上，冲洗时把眼睑撑开，让伤员的眼睛向各个方向缓慢移动。

4. 促进生命器官功能恢复

中毒者转移至安全地后应解开中毒者的颈、胸部纽扣及腰带，将头侧偏以保持呼吸通畅。对中毒者要注意保暖和保持安静，严密注意中毒者神志、呼吸状态和循环系统的功能。

如果中毒者神志清醒，可以送医院医治。但是心跳、呼吸骤停和意识丧失等意外情况发生时，必须立即进行心肺复苏术救治，也就是给予迅速而有效的人工呼吸与心脏按压，使呼吸循环重建并积极保护大脑。简单地说，通过胸外按压、口对口吹气使中毒者恢复心跳、呼吸。一般来说，徒手心肺复苏术的操作流程分为以下四步。

第一步是评估意识。轻拍患者双肩、在双耳边呼唤（禁止摇动患者头部，防止损伤颈椎）。如果清醒（对呼唤有反应、对痛刺激有反应），要继续观察，如果没有反应则为昏迷，进行下一个流程。

第二步是胸外心脏按压。松开衣领和裤带。心脏按压部位是胸骨下半部，胸部正中央，两乳头连线中点。双肩前倾在患者胸部正上方，腰挺直，以臀部为轴，用整个上半身的重量垂直下压，双手掌根重叠，手指互扣翘起，以掌根按压，手臂要挺直，胳膊肘不能打弯。

第三步是检查及畅通呼吸道。取出口内异物，清除分泌物。用一手推前额使头部尽量后仰，同时另一手将下颌向上方抬起。注意，不要压到喉部及颌下软组织。

第四步是人工呼吸。判断是否有呼吸，靠一看二听三感觉。一看是患者胸部有无起伏，二听是有无呼吸声音，三感觉是用脸颊接近患者口鼻，感觉有无呼出气流。如果无呼吸，应立即给予人工呼吸，保持压额抬颌手法，用压住额头的手以拇指食指捏住患者鼻孔，张口罩紧患者口唇吹气，同时用眼角注视患者的胸廓，胸廓膨起为有效。待胸廓下降，吹第二口气。氰化物、硫化氢、有机磷农药中毒的患者，应给予单纯胸外按压的心肺复苏，不宜做口对口的人工呼吸。

一般来说，心脏按压与人工呼吸交替进行，比例为30∶2。

除中毒症状外，还应检查有无外伤、骨折、内出血等症候，以便对症处置。

5. 及时解毒和促进毒物排出

发生急性中毒，应及时采取各种有效措施，降低或消除毒物对机体的作用。如采用各种金属络合剂与毒物的金属离子络合成稳定的有机化合物，随尿液排出体外。采用中和毒物及其分解产物的措施，降低毒物的危害。采用利尿、换血疗法以及腹膜透析等方法，促进毒物尽快排泄。如是非腐蚀性毒物经口腔进入人体，可以采用催吐、洗胃、导泻等方法。

（二）防毒技术措施

防毒技术措施包括预防措施和净化回收措施两部分。

1. 预防措施

（1）改变生产工艺，使生产中少产生乃至不产生有毒物质，这是生产防毒的努力目标。另外，生产中的原料和辅助材料尽量采用无毒和低毒物质，以低毒、无毒的物料代替高毒、有毒的物料，是解决工业毒物对人造成危害的最好措施。

（2）生产过程的密闭化，防止有毒物质从生产过程散发、外逸。主要应保证装置密封，投料、出料实现机械投料，真空投料，高位槽和管道密封和密封出料。对填料密封、机械密封、磁密封等保证达到要求。设备加强维护，避免跑冒滴漏现象的发生。

生产过程机械化，用机械化代替笨重的手工劳动，不仅可以减轻工人的劳动强度，而且可以减少工人与毒物的接触，从而减少了毒物对人体的危害。

（3）隔离操作，把工人操作的地点与生产设备隔离开来。可以把化工设备布置在室外，利用室外较高的风速稀释有毒气体浓度，也可以把生产设备放在隔离室内，并使隔离室保持负压状态；把工人的操作地点放在隔离室内，采用向隔离室内输送新鲜空气的方法使隔离室内处于正压状态也是一种防毒措施。

（4）自动化控制也是预防中毒的有效措施。自动化控制就是对工艺设备采用仪表或微机控制，使监视、操作地点离开生产设备，从而确保操作人员安全。

2. 净化回收措施

生产中采用一系列防毒技术预防措施后，仍然会有有毒物质散逸，因此必须对作业环境进行治理，以达到国家卫生标准。治理措施就是将作业环境中的有毒物质收集起来，然后采取净化回收的措施。

（1）通风排毒　通风排毒是使空气中的毒物浓度不超过国家规定标准的一种重要防毒措施。通风排毒可分为局部排风和全面通风换气两种。

局部排风是把有毒物质从发生源直接抽出去，然后净化回收。局部排风效率高，动力消耗低，比较经济合理。通风排毒应首选局部排风。

全面通风又叫稀释通风，是对整个房间进行通风换气。其基本原理是用清洁空气稀释（冲淡）室内空气中的有害物浓度，同时不断地把污染空气排至室外，保证室内空气环境达到卫生标准。全面通风一般只适合用于污染源不固定和局部排风不能将污染物排出的场合。全面通风换气可作为局部排风的辅助措施。

对于可能突然释放高浓度有毒物质或燃烧爆炸物质的场所，应设置事故通风装置，以满足临时性大风量送风的要求。

（2）净化回收　排出的有毒气体加以净化或回收利用。气体净化的基本方法有洗涤吸收法、吸附法、催化氧化法、热力燃烧法和冷凝法等。

五、防止职业毒害的技术措施

常用的防止职业毒害的技术措施有以下几类。

（一）工艺措施

① 采用危害性小的工艺。通过工艺选择，尽量避免使用有毒特别是毒性较大的物质。例如，无氰电镀工艺杜绝了电镀作业中的氰化物中毒事故。

② 用无毒物料替代有毒物料，用毒性较小的物质替代毒性较大的物质。例

如，甲苯及二甲苯都与苯的性质相似，但毒性较小，在需要以苯为溶剂等许多场合下，可以作为苯的替代物来使用。

③ 有毒物质的净化处理。采用吸收、吸附、冷凝和燃烧等净化工艺，处理含有有毒物质的工艺气体，降低有毒物质的浓度，是重要的工艺措施。还应当结合环境保护工作，对于企业排放的废气、废液和固体废弃物中的有毒物质进行无害化处理。

（二）预防有毒物质泄漏

有毒物质的泄漏是化工企业中毒事故的根源。化工企业有毒物质泄漏的情形有几种：一是生产中主动排放，如尾气排放或者排放污水废液等，一般其后果是危害环境；二是跑冒滴漏，其后果可能导致职业毒害；三是大量毒物突发性泄漏，可能造成多人急性中毒，也可能危害环境。密封技术与腐蚀控制技术是预防意外泄漏的主要技术措施。

（三）尽量减少人员与有毒物质的接触机会

设立隔离室，将操作人员与可能释放有毒物质的生产设备隔离，并结合局部通风技术降低隔离室或车间内有毒物质的浓度。尽量采用密闭化、连续化、机械化操作和自动控制。穿戴使用个人防护用品，也是重要的隔离防护手段。

（四）有毒物质的监测

应当定期对车间内空气进行毒物浓度的测定与评价，以便检查防止职业毒害技术措施的效果，研究改进措施。在有毒区域的重点部位，宜设置固定式有毒气体的检测报警设施，报警信号可发送至工艺装置、储运设施的控制室或操作室。

【案例】2000 年 8 月，某污水处理厂一名化验员取污水样品做硫分析，操作约 20min；化验样品中硫化氢数值为 627mg/L（正常为 130～150mg/L），10min 后化验员出现头痛、恶心、呕吐、乏力、咽干、咽痛、嗅觉疲劳、胸闷、气短、眼干、眼痛。同时污水处理厂硫化氢报警器开始报警，检测结果表明，当时车间空气中 H_2S 浓度为 231mg/m^3，20 余名值班工人均出现上述类似症状。

（五）有毒气体突发性泄漏事故的紧急处置

当大量可燃的有毒气体泄漏事故发生时，可以采用直接燃烧法将其焚烧，也可以采用吸收等净化工艺处理泄漏的有毒气体，降低有毒物质的浓度，以防止中毒事故。

六、典型案例

【案例 1】 "12·23" 特大井喷事故。2003 年 12 月 23 日某钻井队对气井起钻时，发生了特大井喷事故，富含 H_2S 的气体从钻具水眼喷涌达 30m 高程，H_2S 浓度达到 100mg/m^3 以上，预计无阻流量为 $4 \times 10^6 \sim 1 \times 10^7 m^3/d$。失控的有毒气体随空气迅速扩散，导致附近的 4 个乡镇 6.5 万余人被疏散转移，累计门诊治疗 27011 人（次），住院治疗 2142 人（次），243 位人员遇难，直接经济损失达 8200 余万元。井喷事故第二天，对主管道进行了封堵，放喷管线实施了点火，有毒的硫化氢气体被焚烧，事态得到控制。

【案例 2】 2008 年 12 月，某啤酒有限公司因厌氧废水处理装置调配罐破裂，造成废水外泄，废水中含有大量的有毒有害及窒息性气体，致使现场一名调试人员中毒，其他人在未佩戴任何防护设备的情况下，进入现场施救，最终导致三人死亡，一人中毒的严重后果。

【案例 3】 2005 年 5 月，某硫黄厂，一人在封闭硫黄出口时，因硫化氢中毒，其他四人在未佩戴任何防护设备的情况下，相继进入现场施救，最终造成 5 人死亡。

【案例 4】 2003 年 10 月，某厂调试冲天炉尾气除尘系统。在施工单位未完工、该厂生产车间未与施工单位协调的情况下，对冲天炉点火，使冲天炉尾气从除尘器底部外泄（尾气中含有大量一氧化碳有毒气体），一人在未佩戴任何防护设备的情况下，进行堵漏时中毒，另一人在没有采取任何防护措施的情况下，进入现场抢救，结果造成二人中毒死亡。

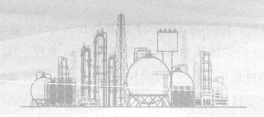

第三章

防火防爆及电气安全防护

在化工整个生产过程中，原料、生产中的中间体和产品很多都是易燃、易爆的物质，而且一般都在高温、高压、高速、真空或低温等复杂的工艺条件下操作。在生产或储运中，若设计不合理、操作不当、管理不善、用火不慎，都有可能引起火灾或爆炸事故。一旦发生火灾爆炸事故，常会带来非常严重的后果，造成巨大的经济损失和人员伤亡。所以，防火防爆对于化工生产的安全运行是十分重要的。

第一节　化工防火防爆技术

一、火灾爆炸危险性分类

（一）气体

爆炸极限和自燃点是评价气体火灾爆炸危险的主要指标。气体的爆炸极限范围越大，爆炸下限越低，火灾爆炸的危险性越大。气体的自燃点越低，越容易起火，火灾爆炸的危险性也越大。另外，气体的化学活泼性、扩散、压缩和膨胀等特性都影响其危险性。气体化学活泼性越强，火灾爆炸的危险性越大。可燃气体或蒸气在空气中的扩散速度越快，火焰蔓延得越快，火灾爆炸的危险性就越大。相对密度大的气体易聚集不散，遇明火容易造成火灾爆炸事故。易压缩液化的气体遇热后体积膨胀，压力增大，容易发生火灾爆炸事故。

（二）液体

闪点和爆炸极限是评价液体火灾爆炸危险性的主要指标。闪点越低，越容易起火燃烧。爆炸极限范围越大，危险性越大。爆炸的温度极限越宽，温度下限越低，危险性越大。另外，饱和蒸气压、膨胀性、流动扩散性、相对密度、沸点等特征也影响其危险性。液体的饱和蒸气压越大，越易挥发，闪点也就越低，火灾爆炸的危险性就越大。液体受热膨胀系数越大，危险性就越大。液体流动扩散快，会加快其蒸发速度，易于起火蔓延。液体相对密度越小，蒸发速度越快，发生火灾的危险性就越大。液体沸点越低，火灾爆炸危险性就越大。

液体的化学结构和相对分子质量对火灾爆炸危险性也有一定的影响。在有机化合物中，醚、醛、酮、酯、醇、羧酸等火灾危险性依次降低。不饱和有机化合物比饱和有机化合物的火灾危险性大。有机化合物的异构体比正构体的闪点低，火灾危险性大。同一类有机化合物，相对分子质量越大，沸点越高，闪点也越高，火灾危险性越小。但是相对分子质量大的液体，一般发热量高，蓄热条件好，自燃点低，受热容易自燃。

（三）固体

固体的火灾爆炸危险性评价主要指标取决于固体的熔点、着火点、自燃点、比表面积及热分解性能等。固体燃烧一般要在气化状态下进行。熔点低的固体物质容易蒸发或气化，着火点低的固体则容易起火。自燃点越低，越容易着火。同样的固体，比表面积越大，和空气中氧的接触机会越多，燃烧的危险性越大。物质的热分解温度越低，其火灾爆炸危险性就越大。

二、防火防爆的技术措施

防火防爆措施的着眼点，是防止可燃物、助燃物形成燃烧系统，消除和严格控制一切足以导致着火爆炸的点火源。

（一）点火源的安全控制

化工生产中，引起火灾爆炸的点火源主要有明火、电火花、静电火花、雷电反应热、光线及射线等。这些火源是引起易燃易爆物质着火爆炸的原因。为此，控制这类火源的使用范围对防火防爆是极为重要的。

1. 明火

化工生产中的明火主要是指加热用火、维修用火及其他火源。加热易燃液体时，应尽量避免采用明火，而采用蒸汽、过热水或其他热载体加热。

在禁火区域要严禁吸烟。吸烟是一种流动性大、涉及面广的危险明火源。火柴的着火温度为750~850℃，燃着的烟头温度为700~800℃，这些温度远远超过可燃物质的燃点。

在有易燃易爆物质的工艺加工区，应该尽量避免切割和焊接作业，最好将需要动火的设备和管段拆卸到安全地点维修。进行切割和焊接作业时，应严格执行动火安全规定。

2. 摩擦与撞击产生的高温与火花

物体摩擦能产生高温，毛衣和化纤衣服摩擦产生静电放电火花，撞击能引起火花，也是引起火灾和爆炸的火源之一。

运转设备的轴承要保证润滑良好，不能缺油，否则容易发热起火，在有可燃气体泄漏时容易引起火灾爆炸。凡是摩擦或撞击的两部分应采用不同的金属制造，例如铜与钢、铝等，摩擦或撞击时便不会产生火花。

搬运盛装易燃物质的金属容器时，不要抛掷、拖拉、震动，防止互相撞击，以免产生火花。防火区严禁穿带铁钉的鞋，地面应铺设不发生火花的软质材料。

3. 高温热表面

对于加热装置、高温物料输送管道和机泵等，应防止可燃物落于其上而着火。可燃物的排放口应远离高温热表面。如果高温设备和管道与可燃物装置比较接近，高温热表面应该有隔热措施。而对于加热温度高于物料自燃点的工艺过程，应严防物料外泄或空气进入系统。

4. 电气火花

电气设备引起的火灾爆炸事故多由电弧、电火花、电热或漏电造成。因此，电气动力设备、仪器、仪表、照明装置等应符合防火防爆要求。接用的临时电源要经过批准，绝缘要良好和严禁带电连接电线。

（二）化工工艺参数的控制技术

在化学工艺生产中，工艺参数主要是指温度、压力、流量、物料配比等。严格控制工艺参数在安全限度以内，是实现安全生产的基本保证。

1. 温度控制

温度是化工生产过程中的主要控制参数。准确控制反应温度不但对保证产品的质量、降低能耗有重要意义，也是防火防爆所必需的。温度过高，可能引起反应失控发生冲料或爆炸，也可能引起反应物分解燃烧、爆炸；温度过低，则有时会因反应速度减慢或停滞造成反应物积聚，一旦温度正常时，往往会因未反应物料过多而发生剧烈反应引起爆炸。温度过低还可能使某些物料冻结，造成管路堵塞或破裂，致使易燃物料泄漏引起燃烧、爆炸。为严格控制温度，必须正确选用传热介质，有效除去反应热，并要防止搅拌中断。

2. 压力控制

压力是化工生产的基本参数之一。正确控制压力，防止设备管道接口泄漏。若物料冲出或吸入空气，容易引起火灾爆炸。在生产过程中，要根据设备、管道耐压情况，严密注意压力变化并合理调整。

3. 进料控制

进料控制主要是控制进料速度、配比、顺序、原料纯度和数量。

（1）控制进料速度。对于放热反应，进料速度不能超过设备的散热能力，否则物料温度将会急剧升高，引起物料的分解，有可能造成爆炸事故。进料速度过低，部分物料可能因温度过低，反应不完全而积聚，一旦达到反应温度时，就有可能使反应加剧进行，以致因温度、压力急剧升高而产生爆炸。

（2）控制进料配比。反应物料的配比要严格控制。对反应物料的浓度、含量、流量等都要准确地分析和计量。对连续化温度较高、危险性较大的生产，在开车时要特别注意进料的配比。对于能形成爆炸性混合物的生产，物料配比应严格控制在爆炸极限以外。如果工艺条件允许，可以添加水蒸气、氮气等惰性气体稀释。

（3）控制进料顺序。进料顺序如果颠倒，也会引起爆炸事故。如：油气化炉开车时，应先加油和蒸气，后加氧气；加量时，应先加油，后加蒸气和氧气；减量时，则先减氧气后减油。这样才能保证安全可靠。

（4）控制原料纯度。许多化学反应，由于反应物料中危险杂质的增加会导致副反应或过反应，引发燃烧或爆炸事故，所以对所用原料必须取样进行化验分析。反应原料气中的有害成分应清除干净或控制一定的排放量，防止系统中有害成分的积累而影响生产的正常进行甚至发生危险。

（5）控制进料量。进料过多，往往会引起溢料或超压。进料过少，使温度计接触不到料面，温度计显示出的不是物料的真实温度，导致判断错误，引起事故。

（三）火灾爆炸危险物质的控制

1. 根据物质的物理化学性质采取措施

在生产过程中，必须了解各种物质的物理化学性质，根据不同的性质采取相应的防火防爆和防止火灾扩大蔓延的措施。

（1）改进工艺，尽量不使用或少使用可燃物料，以不燃物料或难燃物料代替易燃物料。

（2）对自燃性物质及遇水燃爆物质，应采取隔绝空气、防水防潮等措施。

（3）对遇酸碱有分解、爆炸燃烧的物质，应避免与酸碱接触。

（4）对易燃、可燃气体和液体蒸气，应采取相应的耐压容器和密封手段以及保温、降温措施。

（5）对易产生静电的物质，应采取接地等防静电措施。

2. 防爆惰化技术

防爆惰化技术或称惰性介质保护，既可通过对爆炸反应条件的控制实现预防爆炸的目的，同时也可限制爆炸发展过程，避免、控制爆炸破坏作用。

在化工生产实践中，经常使用惰化介质如氮气、二氧化碳等，对可燃气体（蒸气）与空气混合物进行惰化处理，用以防止可燃物质在储存与加工等过程中发生的爆炸事故。采用惰化介质作为控制爆炸事故的技术手段时，主要作用在于防止封闭空间内（或具有相对封闭特征的空间）形成爆炸性气体。

防爆惰化技术实施中使用的惰化介质，除了经常使用氮气、二氧化碳、氩气、氦气等惰性气体外，还有水蒸气、卤代烃、化学干粉及矿岩粉等介质。这些惰化介质按物态可分为气体和固体粉状惰化介质；按化学性质可分为无机和有机惰化介质；按惰化作用机制又可分为降温缓燃型和化学抑制型惰化介质。

惰性介质作为保护性介质，可以阻止可燃物质形成爆炸条件。常应用于以下范围。

（1）对于易燃固体物质的粉碎、筛选处理及粉体输送，采用惰性气体隔离保护。

（2）在可燃气体或蒸气物料系统中充入惰性气体，使系统保持正压，防止形成爆炸性混合物。

（3）将惰性气体管路与有爆炸危险的生产设备、储罐等连接起来，以便在发生爆炸危险时用惰性气体保护。

（4）易燃液体利用惰性气体进行充压输送。

（5）在有爆炸危险场所中，对有引起火花危险的电气设备、仪表等采用充氮气正压保护。

（6）在有爆炸危险性的化工生产装置上动火检修前，用惰性气体吹除，置换出系统中的可燃气体或蒸气，安全合格后方可上人或进入设备内部进行检查、检修及动火。

（7）在化工生产装置中发生物料泄漏时，用惰性气体稀释可燃气体。

3. 限制火灾爆炸的扩散和蔓延

化工生产中限制火灾扩散和蔓延采取的主要措施有安全液封、水封井、阻火器、单向阀、阻火闸门、火星熄灭器、消防设施和器材等。

除上述设施外，危险性较大的还可采用分区隔离、爆炸抑制、泄压技术、设备露天安装等方法。

4. 自动控制与安全保险装置

自动控制系统主要有自动检测系统、自动调节系统、自动操纵系统、自动信号连锁和保护系统。

安全保险装置主要有信号报警、保险装置、安全联锁等。

三、典型案例

【案例1】2004年10月27日，某石化公司酸性水汽提装置原料水罐发生重大爆炸事故。该装置原料水罐在爆炸前发生撕裂事故，造成装置停产。为尽快修复破损设备。恢复生产，公司委托的施工队于10月27日上午8时进入现场。施工员安装盲板后开始吹扫。8时45分，吹扫完毕，气焊工开始动火切割。当管线切割约一半时，装置发生爆炸着火。爆炸导致7人死亡，造成经济损失192万元。

事故的原因是原料水罐内的爆炸性混合气体从管线根部焊缝开裂处泄漏，遇到气割作业的明火或飞溅的熔渣，引起爆炸。

【案例2】某工艺制品厂"11·19"特大火灾事故。1993年11月19日，深圳某工艺制品厂发生特大火灾事故，烧死职工84人，重伤20人，烧毁厂房1600m²以及原材料设备等，直接经济损失260多万元。事故发生5min后，消防队员到达现场扑救。由于风大火猛，厂房外面无消防栓，消防车要到1km以外取水，所以经过近3h扑救，火势才被扑灭。事故原因是电线短路引燃仓库的可燃物而蔓延成灾。由于厂房的疏散通道不畅通，工作场所人员密度大，平时没有进行消防教育和演练，致使职工不能及时从火场撤出，中毒窒息，造成重大伤亡。

第二节 电气安全技术

电能的开发和利用给人类的生产和生活带来巨大变革，极大地促进了社会进步和文明。在当今社会中，电能已经广泛应用于工业生产、农业生产和社会生活等各个领域。与此同时，在电能传输和转换过程中，人员操作、设备运行、检修及调整试验等工作中，都可能发生不同安全事故，造成人身伤亡和财产损失。因此，电气安全是化工生产安全工作的重要组成部分，应予重视。

一、电气安全基本知识

电气安全是指电气设备和线路在安装、运行、维修和操作过程中不发生人身和设备事故。人身安全是指人在从事电气工作过程中不发生事故。设备安全是指电气设备、线路及相关设备建筑物不发生事故。电气安全事故是电能失控所造成的事故。人身触电（或电击）伤残、死亡事故，电气设备、线路损坏，由于电热及电火花引起的火灾爆炸事故，这些都属于电气安全事故。

（一）触电事故

1. 缺乏电气安全知识

如向有人正在工作的电气线路或电气设备上误送高、低压电，造成工人触电事故；用手触摸已经破坏了的电线绝缘和电气机具保护外壳形成触电事故等。

2. 违反操作规程

如在高低压电线附近施工或运输大型设备，施工工具和货物碰击损坏高低压电线，形成接地或短路事故；带电连接临时照明电线及临时电源线，形成电火花；火线误接在电动工具外壳上，导致接地及触电事故等。

3. 维护不良

如大风刮断的高低压电线未能及时修理；胶盖开关破损长期不予修理等造成事故。

4. 电气设备存在事故隐患

如电气设备和电气线路上的绝缘保护层损坏而漏电；电气设备外壳没有接地而带电；闸刀开关或磁力启动器缺少护壳而触电等。

（二）触电方式

按人体触及带电体的方式及电流通过的途径，触电有以下几种情况。

1. 高压电击

是指发生在1000V以上的高压电气设备上的电击事故。当人体即将接触高压带电体时，高电压将空气击穿，使空气成为导体，进而使电流通过人体形成电击。这种电击不仅对人体造成内部伤害，其产生的高温电弧还会烧伤人体。

2. 单线电击

当人体站立地面，手部或其他部位触及带电导体造成的电击，如图 3-1(a) 所示。化工生产中大多数触电事故是单线电击事故，一般都是由于开关、灯头、导线及电动机有缺陷而造成的。

3. 双线电击

当人体不同部位同时触及对地电压不同的两相带电体造成的电击，如图 3-1(b) 所示。这类事故的危险性大于单线电击，常出现于工作中操作不慎的场合。

4. 跨步电压电击

当带电体发生接地故障时，在接地点附近会形成电位分布，当人体在接地点附近，两脚间所处不同电位而产生的电位差，称为跨步电压。当高压接地或大电流流过接地装置处时，均可出现较高的跨步电压，并将会危及人身安全。如图 3-1(c) 所示。

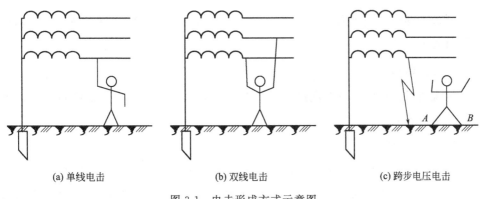

(a) 单线电击　　　　　　(b) 双线电击　　　　　　(c) 跨步电压电击

图 3-1　电击形成方式示意图

（三）电流对人体的伤害

电流对人体的伤害有电击、电伤和电磁场生理伤害三种形式。

1. 电击

电击是指电流通过人体，破坏人的心脏、肺及神经系统的正常功能。电流对人体造成死亡的原因主要是电击。在 1000V 以下的低压系统中，电流会引起人的心室颤动，使心脏由原来正常跳动变为每分钟数百次以上的细微颤动。这种颤动足以使心脏不能再压送血液，导致血液终止循环和大脑缺氧发生窒息死亡。

2. 电伤

电伤是电流转变成其他形式的能量造成的人体伤害，包括电能转化成热能造成的电弧烧伤、灼伤和电能转化成化学能或机械能造成的电印记、皮肤金属化及机械损伤、电光眼等。电伤不会引起人触电死亡，但可造成局部伤害致残或造成二次事故发生。

电击和电伤有时可能同时发生，尤其是在高压触电事故中。

3. 电磁场生理伤害

在高频电磁场的作用下，使人出现头晕、乏力、记忆力减退、失眠等神经系统的症状。

（四）电流对人体伤害程度的影响因素

电流通过人体内部时，其对人体伤害的严重程度与电流通过人体时的大小、持续时间、途径和人体电阻、电流种类及人体状况等多种因素有关，而各因素之间又有着十分密切的联系。

1. 电流强度

通入人体的电流越大，人体的生理反应越明显，人体感觉越强烈，致命的危险性就越大。

2. 通电时间

电流通过人体的持续时间越长，人体电阻因紧张出汗等因素而降低电阻，电击的危险性越大。

3. 电流途径

电流流经人体的途径不同，所产生的危险程度也不同。从手到脚的途径最危险，这条途径电流将通过心脏、肺部和脊髓等重要器官。从手到手或脚到脚的途径虽然伤害程度较轻，但在摔倒后，能够造成电流通过全身的严重情况。

4. 电流种类

电流种类对电击伤害程度有很大影响。在各种不同的电流频率中，工频交流电对人体的伤害高于直流电流和高频电流。50Hz 的工频交流电对设计电气设备比较合理，但是这种频率的电流对人体触电伤害程度也最严重。

5. 电压

在人体电阻一定时，作用于人体的电压愈高，则通过人体的电流就愈大，电击的危险性就增加。

6. 人体的健康状况

人体的健康状况和精神状况是否正常，对于触电伤害的程度是不同的。患有心脏病、结核病、精神病、内分泌器官疾病的人触电引起的伤害程度都比较重。

7. 人体电阻

人体触电时，当接触的电压一定时，流过人体的电流大小就决定于人体电阻的大小。人体电阻越小，流过人体的电流就越大，也就越危险。

人体电阻包括体内电阻和皮肤电阻。前者与接触电压等外界条件无关，一般在 500Ω 左右，而后者随皮肤表面的干湿程度、有无破伤以及接触电压的大小而变化。不同情况的人，皮肤表面的电阻差异很大，因而使人体电阻差异也很大。一般情况下，在进行电气安全设计或评价电气安全性时，人体电阻按 1000Ω 考虑。

此外，接触电压增加，人体电阻明显下降，致使电流增大，对人体的伤害加剧。随电压而变化的人体电阻见表 3-1。

表 3-1　随电压而变化的人体电阻

电压 U/V	12.5	31.3	62.5	125	220	250	380	500	1000
人体电阻 R/Ω	16500	11000	6240	3530	2222	2000	1417	1130	640
电流 I/mA	0.8	2.84	10	35.2	99	125	268	1430	1560

人体电阻是确定和限制人体电流的参数之一。因此，它是处理很多电气安全问题必须考虑的基本因素。

二、电气安全防护技术措施

（一）触电防护技术措施

触电事故尽管各种各样，但最常见的情况是偶然触及那些正常情况下不带电而意外带电的导体。触电事故虽然具有突发性，但具有一定的规律性，针对其规律性采取相应的安全技术措施，很多事故是可以避免的。预防触电事故的主要技术措施如下。

1. 认真做好绝缘

绝缘是用绝缘物把带电体封闭起来。绝缘材料分为气体、液体和固体三大类。

（1）气体　通常采用空气、氮、氢、二氧化碳和六氟化硫等。

（2）液体　通常采用矿物油（变压器油、开关油、电容器油和电缆油等）、硅油和蓖麻油等。

（3）固体　通常采用陶瓷、橡胶、塑料、云母、玻璃、木材、布、纸以及某些高分子材料等。

电气设备的绝缘应符合其相应的电压等级、环境条件和使用条件，应能长时间耐受电气、机械、化学、热力以及生物等有害因素的作用而不失效。

2. 采用安全电压

安全电压是制定电气安全规程和系列电气安全技术措施的基础数据，它取决于人体电阻和人体允许通过的电流。我国规定安全电压额定值的等级为 42V、36V、24V、12V 和 6V。如在矿井、多导电粉尘等场所使用 36V 行灯，特别潮湿场所或进入金属内应使用 12V 行灯。

3. 严格屏护

屏护就是使用屏障、遮栏、护罩、箱盒等将带电体与外界隔离。某些开启式开关电气的活动部分不方便绝缘，或高压设备的绝缘不能保证人在接近时的安全，均应采取屏蔽保护措施，以免发生触电或电弧伤人等事故。对屏护装置的一般要求是：所用材料应有足够的机械强度和耐火性能；金属材料制成的屏护装置必须接地或接零；必须用钥匙或工具才能打开或移动屏护装置；屏护装置应悬挂警示牌；屏护装置应采用必要的信号装置和联锁装置。

4. 保护安全间距

带电体与地面之间，带电体与其他设备之间，带电体之间，均需保持一定的安全距离，以防止过电压放电、各种短路、火灾和爆炸事故。

5. 合理选用电气装置

合理选用电气装置是减少触电危险和火灾爆炸危害的重要措施。选择电气设备时主要根据周围环境的情况，如：在干燥少尘的环境中，可采用开启式或封闭式电气设备；在潮湿和多尘的环境中，应采取封闭式电气设备；在有腐蚀性气体的环境中，必须采取封闭式电气设备；在有易燃易爆危险的环境中，必须采用防爆式电气设备。

6. 采用漏电保护装置

当设备漏电时，漏电保护装置可以切断电流，防止漏电引起触电事故。漏电保护器可以用于低压线路和移动电具等方面。一般情况下，漏电保护装置只用作附加保护，不能单独使用。

7. 保护接地和接零

接地与接零是防止触电的重要安全措施。

(1) 保护接地　接地是将设备或线路的某一部分通过接地装置与大地连接。当电气设备的某相绝缘损坏或因事故带电时，接地短路电流将同时沿接地体和人体两条通路流通。接地体的接地电阻一般为 4Ω 以下，而人体电阻约为 1000Ω，因此通过接地体的分流作用而流经人体的电流几乎为零，这样就避免了触电的危险。

（2）保护接零　接零是将电气设备在正常情况下不带电的金属部分（外壳）用导线与低压电网的零线（中性线）连接起来。当电气设备发生碰壳短路时，短路电流就由相线流经外壳到零线（中性线），再回到中性点。由于故障回路的电阻、电抗都很小，所以有足够大的故障电流使线路上的保护装置（熔断器等）迅速动作，从而将故障的设备断开电源，起到保护作用。

8. 正确使用防护用具

电工安全用具包括绝缘安全用具（绝缘杆与绝缘夹钳、绝缘手套与绝缘靴、绝缘垫与绝缘站台）、登高作业安全用具（脚扣、安全带、梯子、高登等）、携带式电压和电流指示器、临时接地线、遮栏、标志牌（颜色标志和图形标志）等。

（二）触电防护组织措施

建立健全电气安全制度是保护操作人员安全健康的重要措施。主要安全制度有以下几个方面：工作票制度、工作监护制度、停电安全技术措施、低压带电检修、挂警告牌和电气设备预防性调试制度等。

（三）电气防火防爆技术

1. 电器火灾和爆炸的原因

火灾和爆炸是电气灾害的主要形式之一。电气线路、电力变压器、开关设备、插座、电动机、电焊机、电炉等电气设备若设计不合理，安装、运行维修不当，均有可能造成电气火灾和爆炸。短路、过载、接触不良、电气设备铁芯过热、散热不良等因素均有可能导致电气线路或者电气设备过热，从而可能产生危险温度的引燃源。

2. 防爆电气设备类型的标志

防爆电气设备根据结构和防爆性能不同分为 8 种类型。

（1）隔爆型（标志 d）。在设备内部发生爆炸性混合物爆炸时，不引起外部爆炸性混合物爆炸的电气设备。

（2）安全型（标志 i）。在正常运行或指定试验条件下，产生的电火花或热效应均不能点燃爆炸性混合物的电气设备。

（3）增安型（标志 e）。在正常运行时，不产生火花、电弧、危险温度等点火源的电气设备。

（4）充油型（标志 o）。将全部或部分带电部件浸在油中，使其不引起油面上爆炸性混合物爆炸的电气设备。

（5）正压型（标志 p）。外壳内通入新鲜空气或惰性气体，形成正压，以阻止外部爆炸性混合物进入外壳内部的电气设备。

（6）充砂型（标志 q）。外壳内充填细砂材料，使外壳内产生的电弧、火焰不能传播的电气设备。

（7）无火花型（标志 n）。在正常条件下，不产生电弧或火花，也不能产生引燃周围爆炸性混合物的高温表面或灼热点的电气设备。

（8）特殊型（标志 s）。采用其他防爆措施的电气设备。

防爆电气设备的类型、级别、组别在其外壳上有明显的标志。

3. 电气设备和配电线路的选型

根据生产现场爆炸性物质的分类、分级和分组以及爆炸危险环境的区域范围划分，按国家电气防爆规程和手册的规定，选用和安装相应的防爆电气设备和配电线路的类型，以确保安全运行。

三、触电急救

触电事故发生后，必须不失时机地进行急救，尽可能减少损失。触电急救应动作迅速，方法正确，使触电者尽快脱离电源是救治触电者的首要条件。

（一）低压触电

当发现有人在低压（对地电压为 250V 以下）线路触电时可采用下面方法进行急救。

① 触电地点附近有电源开关或插头，可立即拉开电源开关，切断电源。

② 如果远离电源开关，可用有绝缘的电工钳剪断电线，或者用带绝缘木把的斧头、刀具砍断电源线。

③ 如果是带电线路断落造成的触电，可利用手边干燥的木棒、竹竿等绝缘物，把电线拨开，或用衣物、绳索、皮带等将触电者拉开，使其脱离电源。

④ 如果触电者的衣物很干燥，且未曾紧缠在身上，可用一手抓住触电者的衣物，拉离电源。但因触电者的身体是带电的，其鞋子的绝缘也可能遭到破坏，救护人员不得接触触电者的皮肤，也不能触摸他的鞋。

（二）高压线路触电

高压线路因电压高，救护人员不能随便去接近触电者，必须慎重采取抢救措施。

①　立即通知有关部门停电。

②　戴上绝缘手套，穿上绝缘靴，用相应电压等级的绝缘工具拉开开关。

③　抛掷裸金属线使线路短路接地，迫使保护装置动作，断开电源。抛掷金属线前，应注意先将金属线一端可靠接地，然后抛掷另一端，被抛掷的另一端切不可触及触电者和其他人。

（三）现场复苏术

人触电以后，会出现神经麻痹、呼吸中断、心脏停止跳动等征象，外表上呈现昏迷不醒的状态，但不应认为是死亡，而应该看作是"假死状态"。有条件时应立即把触电者送医院急救，若不能马上送到医院应立即就地急救，尽快使心肺复苏。

1. 呼吸复苏术

触电者若停止呼吸，应立即进行人工呼吸。人工呼吸方法有俯卧压背式、仰卧压胸式和口对口（鼻）式三种。最好采用口对口式人工呼吸法（图 3-2）。其具体做法是：置触电者于向上仰卧位置，救护者一手托起触电者下颌，尽量使头部后仰，另一手捏紧触电者鼻孔，救护者深吸气后，对触电者吹气，然后松开鼻孔。如此有节律地、均匀地反复进行，每分钟吹气 12～16 次，直至触电者可自行呼吸为止。如果触电者牙关紧闭可进行口对鼻吹气，做法同上。

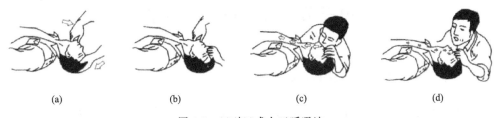

|(a)|(b)|(c)|(d)|

图 3-2　口对口式人工呼吸法

2. 心脏复苏术

触电者若心跳停止应立即进行人工心脏复苏，采用胸外心脏按压法（图 3-3）。其具体做法是：救护者将一手的根部放在触电者胸骨下半段（剑突以上），另一手掌叠于该手背上，肘关节伸直，借救护者自己身体的重力向下加压。一般使胸骨陷下 3～4cm 为宜，然后放松。如此反复有节律地进行，每分钟 60～70 次，挤压时动作要稳健有力、均匀规则，不可用力过大过猛，以免造成肋骨折断、气血胸和内脏损伤等。

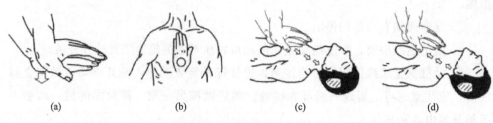

图 3-3   胸外心脏按压法

四、典型案例

2002 年 5 月 17 日，某电厂检修班职工刁某带领张某检修 380V 直流焊机。电焊机检修后进行通电试验良好，并将电焊机开关断开。刁某安排工作组成员张某拆除电焊机二次线，自己拆除电焊机一次线。刁某蹲着身子拆除电焊机电源线中间接头，在拆完一相后，拆除第二相的过程中意外触电，经抢救无效死亡。

在本次作业中刁某安全意识淡薄，工作前未进行安全风险分析，在拆除电焊机电源线中间接头时，未检查确认电焊机电源是否已断开，在电源线带电又无绝缘防护的情况下作业，导致触电。刁某低级违章作业是此次事故的直接原因。该公司安全管理不到位是此次事故的间接原因。

第三节   防静电安全技术

一、静电产生的物质特性和条件

物质是由分子组成的，分子是由原子组成的，原子则由带正电荷的原子核和带负电荷的电子构成。原子核所带正电荷数与电子所带负电荷数之和为零，因此物质呈中性。倘若原子由某种原因获得或失去部分电子，则原来的电中性被打破，而使物质显电性。假如所获得的电子没有丢失的机会，或丢失的电子得不到补充，就会使该物质长期保持电性，称该物质带上了"静电"。因此，静电是指附着在物体上很难移动的集团电荷。

静电的产生是一个十分复杂的过程，它既由物质本身的特性决定，又与很多外界因素有关。

（一）物质本身的特性

1. 逸出功

当两种不同固体接触时，其间距达到或小于 2.5×10^{-9} m 时，在接触界面上就会产生电子转移，失去电子的带正电，得到电子的带负电。

电子的转移是靠"逸出功"实现的。将一个自由电子由金属内移到金属外所需做的功，就叫作该金属电子的逸出功。两物体相接触时，逸出功较小的一方失去电子带正电。而另一方就获得电子带负电。通过大量试验，按不同物质相互摩擦的带电顺序排出了静电带电序列：（＋）玻璃—头发—尼龙—羊毛—人造纤维—绸布—醋酸人造丝—奥纶—纸浆和滤纸—黑橡胶—维尼纶—耐纶—赛璐珞—玻璃纸—聚苯乙烯—聚四氟乙烯（－）。

2. 电阻率

若带电体电阻率高、导电性能差，就使得带电层中的电子移动困难，为静电荷积聚创造了条件。

3. 介电常数

介电常数亦称电容率，是决定电容的一个因素。介电常数大的物质电阻率低。如果液体相对介电常数大于 20，并以连续性存在及接地，一般来说不论是储运还是管道输送，都不大可能积累静电。

（二）外界条件

1. 摩擦起电

摩擦能够增加物质紧密的接触机会和迅速分离的速度，因此能够促进静电的产生。撕裂、剥离、拉伸、搓捻、撞击、挤压、过滤及粉碎等也能产生静电。

2. 附着带电

某种极性离子或自由电子附着到对地绝缘的物体上，也能使该物质带上静电或改变其带电状况。

3. 感应起电

在工业生产中，带静电物体能使附近不相连的导体，如金属管道和金属零件表面的不同部位出现正、负电荷，即是感应所致。

4. 极化起电

静电非导体置入电场内，其内部或外表均能出现电荷，这种现象叫作极化作用。工业生产中，由于极化作用而使物体产生静电的情况也不少。如带电胶片吸附灰尘、带静电粉料黏附料斗、管道不易脱落等。

此外，环境温度、湿度、物料原带电状态以及物体形态等对物体静电的产生均有一定的影响。

二、物体和人体静电的带电过程

（一）不同物态的静电产生过程

1. 固体的带电

以皮带与皮带轮为例，皮带与皮带轮在未接触时是不带电的。当运转紧密接触时，假设皮带失去电子，皮带轮得到电子。在分离时，虽有部分电子回到皮带上；但回去的电子不能全部中和皮带所带的电荷，因而皮带就带有静电向前运转。

2. 粉体的带电

在气流输送粉体的过程中，粉体与管壁发生碰撞和摩擦，粉体颗粒与颗粒彼此也相互撞击，结果使粉体带上静电。

3. 液体的带电

液体物料除了在管边中输送时产生静电外，还有沉降起电、溅泼起电和喷射起电等，它们的基本原理也是"紧密接触，迅速分离"。

4. 气体的带电

不含固体（粉体）或液体成分的气体是不会产生静电的，但几乎所有气体都含有少量固态或液态杂质，因此，在压缩、排放、喷射气体或气化固态气体时，在阀门、喷嘴、放空管或缝隙中流出气体时易产生静电。

（二）人体的带静电

冬天脱毛衣时有静电产生。这是因为人穿的衣服之间长时间地进行接触和分离，互相摩擦而起电，只是由于相关的两件衣服所带的电荷极性相反，在未脱衣服之前人体不显电性，脱去一件之后人体就带电了。将尼龙纤维衣服从毛衣外面脱下时，人体可带 10000V 以上的电压；手拿抹布抹绝缘桌面，人体也能带电；穿塑料鞋在胶板上走路，鞋底与地面不断紧密接触后又迅速分离，人体就可带 2000～3000V 电压；穿尼龙羊毛混纺衣服坐在人造革面的椅子上，当站起时人体就会产生近万伏的电压。

人体也可感应带电，在带电微粒空间活动后，带电微粒附着于人体而使人体带电。

三、静电的危害

在工业生产中，因静电而引起的危害大体有以下几方面。

（一）火灾和爆炸

火灾和爆炸是静电引发的最大危害。在有可燃液体的作业场所（如油料运装等），可能由静电火花引起火灾；在有气体、蒸气爆炸性混合物或有粉尘纤维爆炸性混合物的场所（如氢、乙炔、煤粉、铝粉、面粉等），可能由静电火花引起爆炸。

（二）电击

当人体接近带电体时，或带静电电荷的人体接近接地体时，都可能产生静电电击。由于静电的能量较小，生产过程中产生的静电所引起的电击一般不会直接使人致命，但人体可能因电击导致坠落、摔倒等二次事故。电击还可能使作业人员精神紧张，影响工作。

（三）影响生产

在某些生产过程中，如不消除静电，将会妨碍生产或降低产品质量。例如。静电使粉尘吸附在设备上，影响粉尘的过滤和输送；在聚乙烯的输送管道和储罐内常发生物料结块、熔化成团的现象，造成管路堵塞。

四、静电的防护措施

静电一旦具备下列条件就能酿成火灾爆炸的事故：①产生静电电荷；②有足够的电压产生火花放电；③有能引起火花放电的合适间隙；④产生的电火花要有足够的能量；⑤在放电间隙及周围环境中有易燃易爆混合物。

以上五个条件缺一不可，因此只要消除其中之一，就可达到防止静电引起燃烧爆炸危害的目的。

（一）消除静电的基本途径

1. 工艺控制法

工艺控制法就是从工艺流程、设备结构、材料选择和操作管理等方面采取措施，限制静电的产生或控制静电的积累，使之不能到达危险的程度。具体方法有：控制输送速度；对静电的产生区和逸散区采取不同的防静电措施；正确选择设备和管道的材料；合理安排物料的投放顺序；消除产生静电的附加源，如液流的喷溅、冲击、粉尘在料斗内的冲击等。

2. 泄漏导走法

泄漏导走法即是将静电接地，使之与大地连接，消除导体上的静电。这是消除静电最基本的方法。可以利用工艺手段对空气增湿、添加抗静电剂，使带电体的电阻率下降，或规定静置时间和缓冲时间等，使所带的静电荷得以通过接地系统导入大地。

3. 静电中和法

静电中和法是利用静电消除器产生的消除静电所必需的离子来对异性电荷进行中和。此法已被广泛用于生产薄膜、纸、布、粉体等行业的生产中。但是如使用方法不当或失误会使消除静电效果减弱，甚至导致灾害的发生，所以必须掌握静电消除器的特性和使用方法。

（二）人体防静电措施

1. 人体接地

在人体必须接地的场所，工作人员应随时用手接触接地棒，以消除人体所带有的静电。在有静电危害的场所，工作人员应穿戴防静电工作服、鞋和手套，不得穿用化纤衣物。

2. 工作地面导电化

特殊危险场所的工作地方应是导电性的或具备导电条件，这一要求可通过洒水或铺设导电地板来实现。

3. 安全操作

工作中，应尽量不进行可使人体带电的活动，如接近或接触带电体；操作应有条不紊，避免急骤性的动作；在有静电危害的场所，不得携带与工作无关的金属物品，如钥匙、硬币、手表等；合理使用规定的劳动保护用品和工具，不准使用化纤材料制作的拖布或抹布擦洗物体或地面。

五、典型案例

【案例1】某化学试剂厂生产过程中使用甲苯为原料，该厂向反应釜加甲苯的方法是：先将甲苯灌装在金属筒内，再将金属筒运到反应釜旁边，用压缩空气将甲苯从金属筒经塑料软管压向反应釜内。一次作业过程中发生强烈爆炸，继而猛烈燃烧近 2h，造成 3 人死亡，2 人严重烧伤。经分析，确认是静电火花引起的爆炸。经计算，塑料软管内甲苯的流速超过静电安全流速的 3 倍。甲苯带着高密度静电注入反应釜，很容易产生足以引燃甲苯蒸气的静电火花。

【案例 2】1998 年 4 月 12 日，某汽车加油站在向地下卧式油罐接卸汽油时，发生汽油爆炸燃烧，造成 1 人死亡，4 个油罐烧毁。事故原因是，用汽车卸油胶管直接插入油罐量油孔内的喷溅卸油方式产生大量静电并形成汽油蒸气空间；油罐无静电接地设施，静电积累；用普通手电筒照明而没有使用防爆手电筒。

【案例 3】某石油化工厂一 3000m³ 重油储罐用水清洗后再用 25.4mm 蒸汽管向罐内喷射水蒸气，约 3min 后突然爆炸。原因是高速水蒸气喷射时，产生大量带静电的油水雾，放电引起爆炸。

第四节　防雷电安全技术

一、雷电现象

雷电是自然现象。太阳光加热地球，地面湿空气受热上升，或空中不同冷、热气团相遇，凝成水滴或水晶，形成雷云。雷云在运动时互相接近或雷云接近大地时，感应出相反电荷，当电荷积聚到一定程度，就能发生云和云之间以及云和大地之间的放电，出现耀眼的闪光。由于放电过程中，放电通道产生高温使大气急剧膨胀，发出震耳的轰鸣。人们先看到耀眼的闪光，称为闪电；稍后可听到巨大的响声，称为雷鸣。这就是闪电和雷鸣。

二、雷电的危害

根据雷电产生和危险特点的不同，雷电可分为直击雷、感应雷（包括静电感应和电磁感应）和雷电侵入波等。

雷击具有高到数万至数百万伏的冲击电压、电流大到几万甚至几十万安培、时间短到 $50\sim100\mu s$ 的特点。

雷电的危害按其破坏因素有以下几个方面。

（一）电性质破坏

雷电放电产生极高的冲击电压，可击穿电气设备的绝缘，损坏电气设备和线路，造成大规模停电。绝缘损坏会引起短路，导致火灾或爆炸事故。二次反击的放电火花也能够引起火灾和爆炸。绝缘的损坏还为高压窜入低压、设备漏电提供了危险条件，并可能导致严重触电事故。

（二）热性质破坏

强大雷电通过导体时，在极短的时间内转换为大量热能，产生的高温会造成易燃物或金属熔化飞溅，而引起火灾爆炸。

（三）机械性质的破坏

由于热效应使漏电通道中木材纤维缝隙和其他结构中缝隙里的空气剧烈膨胀，并使水分及其他物质分解为气体，因而在雷击物体内部出现强大的机械压力，使被击物体遭受严重破坏或造成爆裂。

总之，雷电能量释放出来时产生极大的破坏力，其破坏作用往往是综合性的，它能导致生产装置、厂房建筑物、设备、管网、储罐区、露天变电所等损坏，导致人身伤亡和财产的重大损失。特别是在具有爆炸危险的场所，雷电还可以使易燃易爆物质燃烧或爆炸，是不可忽视的引爆源，在这些场所对雷电危害的预防更是必须重视的。

三、防雷电措施

（一）防雷装置

一般采用防雷装置来避雷电。一套完整的避雷装置包括接闪器（避雷针、避雷线、避雷网、避雷带）或避雷器以及引下线和接地装置。避雷针主要用来保护露天变电所的配电设备、建筑物、构筑物、石油化工生产装置、储罐区、输油气管网等。避雷线主要用来保护电力线路。避雷网和避雷带主要用来保护建筑物。避雷器主要用来保护电力设备。

1. 接闪器

避雷针、避雷线、避雷网、避雷带以及建筑物的金属层面（正常时能形成爆炸性混合物，电火花会引起强烈爆炸的工业建筑物和构筑物除外）均可作为接闪器。接闪器的作用是把雷电流引向自身，借引下线引入大地，抑制雷击的发生。

2. 引下线

引下线即为接闪器网与接地装置的连接线。一般由金属导体制成，常用的有圆钢、扁钢。引下线应不少于两条，与接地网焊接牢固。

3. 接地装置

接地装置的作用是流散雷电电流，其性能是否符合要求，主要取决于它的流散电阻。流散电阻与接地装置的结构形式和土质等因素有关，其数值通常不应大于 10Ω，过大不利于雷电流的流散。防雷装置每年在雷雨季节前应做一次完整性、可靠性和接地电阻值的测试检验和修理。

（二）人体防雷电措施

雷电活动时，由于雷云直接对人体放电，产生对地电压或二次反击放电，都可能对人体造成电击。因此，应注意安全防护。

1. 安全防护措施

（1）当有雷电时应避免进入和接近不加保护的小型建筑、仓库和棚舍等；未采取防雷保护的帐篷及临时掩蔽所；非金属车顶或敞篷的汽车；空旷的田野、运动场、游泳池、湖泊和海滨；铁丝网、晾衣绳、架空线路、孤立的树木等。

（2）雷雨活动时，应避免使用金属柄的雨伞、推自行车或接触电气设备、电话以及金属管道装置。

（3）雷雨活动时，应尽快躲入采取防雷保护措施的住宅和其他建筑物；地下掩蔽所、地铁、隧道和洞穴；大型金属或金属框架结构建筑物。应寻找低洼地区避开山顶和高地，寻找茂密树林。如果你处于暴露区域，孤立无援，当雷电来临时，你感到头发竖起，这预示将遭雷击，则应立即蹲下，身子向前弯曲，并将手放在膝盖上，切勿在地下躺平，也不得把手放在地上。

2. 雷雨中预防注意事项

（1）不打手机。

（2）不在雨中狂奔。

（3）不在大树下避雨。

（4）不在水边湖边逗留。

（5）不在水中嬉戏。

（6）不宜在雷雨中打伞。

四、典型案例

广东省防雷减灾管理中心雷电灾害统计资料显示：2003 年广东省因雷击造成的灾害实例有 1528 起，其中雷击引发火灾爆炸事故 24 起；人身伤亡事故 57 起，死亡 48 人，伤 39 人；各种电子电气设备、供电设备被雷击损坏 5994 件；全年因雷电灾害造成的经济损失约 15 亿元。

【案例 1】2008 年某日，某石化公司乙烯厂裂解装置，遭雷击引起短路起火，火头最高时约 30m，厂区附近村庄村民见状紧急自行疏散。经当地公安消防部门 20 多辆消防车一个多小时紧张扑救，至 21 时大火得到有效控制，事故未造成人员伤亡，但财产损失巨大。

【案例 2】1989 年 8 月 12 日，某油库因雷电导致特大火灾爆炸事故，大火持续 104h，消防干警牺牲 14 人，油库职工牺牲 4 人，烧毁油罐 5 个，烧掉原油 36000t，并造成海洋污染。由此可见，雷电的危害不可小视。

第四章

特种设备安全管理及检修

特种设备依据其主要工作特点，分为承压类特种设备和机电类特种设备。承压类特种设备是指承载一定压力的密闭设备或管状设备，包括锅炉、压力容器、压力管道。锅炉是提供蒸汽或热水介质及提供热能的特殊设备；压力容器是在一定温度和压力下进行工作且介质复杂的特种设备，使用领域广泛，危险性高；压力管道是生产、生活中广泛使用的可能引起燃烧、爆炸或中毒等危险性较大的特种设备，分布极广，已经成为流体输送的重要工具。

第一节　锅炉安全及气瓶安全

一、锅炉安全

（一）锅炉安全技术

1. 运行准备

锅炉投入运行前，必须认真仔细地进行内、外部检查，尤其是新安装或受压元件经过重大修理的锅炉，必须经有关部门验收合格。在用锅炉经年检、整修合格后，方可进行起动的准备，包括点火前的检查工作和准备工作。

2. 烘炉与煮炉

新装、移装及大修或长期停放准备重新投入运行的锅炉。在投入运行前应进行烘炉和煮炉。

烘炉就是妥善地去除掉炉墙内的水分，提高炉墙强度和保温能力。

煮炉是为了除去锅炉受压元件及其水循环系统内所积有的污物、铁锈及安装过程中残留的油脂，以确保锅炉内部清洁，保证锅炉的安全运行和获得优良品质的蒸汽，保证锅炉能发挥应有的热效率。煮炉药剂一般常用氢氧化钠和磷酸三钠，也可用无水碳酸钠。煮炉投药量如表 4-1 所示。

表 4-1　煮炉投药量　　　　　　　　　　　单位：kg/t（水）

药品名称	铁锈较少的新锅炉	铁锈较多的锅炉	有铁锈和水垢的锅炉
氢氧化钠（NaOH）	2～3	4～5	5～6
磷酸三钠（$Na_3PO_4 \cdot 12H_2O$）	2～3	3～4	5～6

注：1. 煮炉时，表内两种药品同时使用。

2. 表内药品按 100% 纯度计算。

3. 当用无水碳酸钠代替时，其用量为磷酸三钠的 1.5 倍。

3. 锅炉运行安全操作

（1）点火与升压

① 点火　一般锅炉上水后即可点火。进行烘炉和煮炉的锅炉，待煮炉完毕，排水清洗后，再重新上水，然后点火升压。

② 升压　锅炉点火后，随着燃烧加剧，开始升温、升压。升温期间可适当在下锅筒排水，并相应补充给水，促使上、下锅筒水循环，减小温差，使锅水均匀地热起来。

③ 点火升压阶段的安全注意事项　从锅炉点火到锅炉蒸汽压力升至工作压力，这是锅炉起动中的关键环节，其间需要注意以下几个安全问题。

a. 防止炉膛爆炸。点火前，必须开动引风机对炉膛和烟道至少通风 5min。燃油炉、燃气炉、煤粉炉点燃时，应先送风，之后投入点燃火把，最后送入燃料，而不能先输入燃料再点火。一次点火未成功，必须首先停止向炉内供给燃料，然后进行充分通风换气，再进行点火，严禁利用炉膛余热进行二次点火。

b. 控制升温升压速度。为了防止产生过大的热应力。升温升压速度一定要缓慢。一般要求介质温升不超过 55℃/h；要求锅筒内、外壁及上、下壁间的温差不超过 50℃。

c. 注意过热器和省煤器的冷却。点火时，要注意打开过热器上全部疏水阀和排气阀，直到气压升到高于大气压，蒸汽从排气阀和疏水阀大量冒出时才可将这些阀门关闭，以保护过热器和省煤器。

d. 严密监视和调整指示仪表。为了防止异常情况及事故的出现，必须严密监视各种指示仪表，控制锅炉压力、温度、水位在合理的范围之内。

（2）暖管与并汽

① 暖管 为了防止送汽时，冷凝水水击而损坏管道、阀门和法兰，需要用蒸汽将常温下的蒸汽管道、阀门、法兰等缓慢加热，使其温度均匀升高，将管道中的冷凝水驱出，此过程称为暖管。暖管时间一般应大于 30min。

② 并汽 并汽，即并炉，新投入运行的锅炉向共用的蒸汽母管供汽。当新投入运行的锅炉已完成通往分汽缸隔绝阀前的蒸汽管道暖管后，锅炉设备及管道等一切正常，即可准备供汽。

（3）监督和调整 锅炉运行时，其负荷是经常变化的，锅炉的蒸发量必须随着负荷的变化而变化，适应负荷的要求。因此，在锅炉运行期间，必须对其进行一系列的调节。如对燃料量、空气量、给水量等做相应的改变，才能使锅炉的蒸发量与外界负荷相适应。否则，锅炉的运行参数（气压、气温、水位等）就不能保持在规定的范围内。

（4）维护与管理

① 排污 锅炉排污的目的如下。

a. 排除锅水中过剩的盐和碱，防止因锅水中的盐量、碱量过高降低蒸汽品质，导致锅水发生汽水共腾及过热器结垢。

b. 排除锅筒内泥垢（水渣），防止水渣在受热面某部位聚集形成二次水垢。

c. 排除锅水表面的油质和泡沫，提高蒸汽的品质。

锅炉排污量通常不超过蒸发量的 5%～10%。每一循环回路的排污持续时间，当排污阀全开时不宜超过 30s，以防过分排污干扰水循环而导致事故。

② 吹灰 吹灰是清除受热面积灰最常用的方法。用具有一定压力的蒸汽或压缩空气定期吹扫受热面，以清除和减少其上的灰尘。对小型火管锅炉也可采取向炉膛投加清灰剂的方法，清灰剂燃烧后，其烟雾与受热面上的烟灰起化学反应，使烟灰疏松变脆后脱落。

③ 预防锅炉结焦 锅炉结焦也叫结渣，指在高温条件下，灰渣在受热面、炉墙、炉排积累的现象。结焦使受热面热阻增大，传热不利；严重时会使过热器金属超温，妨碍设备的正常运行。

（5）运行安全管理 建立完善的规章制度和台账制度，对操作人员进行培训，搞好运行检查。按照《锅炉房安全管理规则》中规定的八项管理制度和六项记录严格执行安全管理。

（二）锅炉常见事故原因及控制措施

1. 锅炉事故类型及特点

工业锅炉运行中常见的事故主要有超压事故、缺水事故、满水事故、汽水共腾事故、炉管爆破事故、省煤器损坏、过热器损坏、水击事故、空气预热器损坏、水循环故障。

锅炉的事故特点如下。

（1）锅炉在运行中受高温、压力和腐蚀等的影响，容易造成事故，且事故种类多种多样。

（2）锅炉一旦发生故障，将造成停电、停产、设备损坏，其损失非常严重。

（3）锅炉是一种密闭的压力容器，在高温和高压下工作，一旦发生事故，将摧毁设备和建筑物，造成人身伤亡。

2. 锅炉事故原因分析

（1）超压运行。如安全阀、压力表等安全装置失灵，或者水循环系统发生故障，造成锅炉压力超过允许压力，严重时锅炉会发生爆炸。

（2）超温运行。由于烟气流通不畅或燃烧工况不稳定等原因，使锅炉出口气温过高、受热面温度过高，造成金属烧损或发生爆管事故。

（3）锅炉缺水事故/满水事故。锅炉水位过低会引起缺水事故，而锅炉水位过高会引起满水事故。锅炉长时间高水位运行，还容易使压力表管口结垢而堵塞，使压力表失灵而导致锅炉超压事故。

（4）水质管理不善。锅炉未定期排污，会使受热面水侧积存泥垢和水垢，热阻增大，而使受热面金属烧坏；给水中带有油质或水呈酸性，会使金属壁过热或腐蚀；水碱性过高，会使钢板产生苛性脆化。

（5）水循环被破坏。锅炉结垢会造成水循环破坏；锅水碱性过高，锅筒水面易起泡，汽水共腾，使水循环破坏。水循环被破坏，锅内的水况紊乱，造成受热面管流发生倒流或停滞，或者造成"汽塞"，在停滞水流的管内产生泥垢和水垢，水管堵塞，从而烧坏受热面管路或发生爆炸事故。

（6）锅炉工的误操作。错误的检修方法，或者锅炉不进行定期检查等都可能导致事故的发生。

3. 锅炉事故应急措施

（1）锅炉一旦发生事故，操作人员应立即判断和查明事故原因，并及时进行事故处理。发生重大事故和爆炸事故时，设法躲避爆炸物和高温水、汽，尽快将人员撤离现场；爆炸停止后应启动应急预案，保护现场，并及时报告有关领导和监察机构。

（2）发生锅炉重大事故时，要停止供给燃料和送风，减弱引风；熄灭和消除炉膛内的燃料（火床燃烧锅炉），切记不能用向炉膛浇水的方法灭火，要用黄沙或湿煤灰将红火压灭；打开炉门、灰门、烟风道闸门等，以冷却锅炉；切断锅炉同蒸汽总管的联系。打开锅筒上放空阀或安全阀以及过热器出口集箱和疏水阀；向锅炉内进水、放水，以加速锅炉的冷却；但在发生严重缺水事故时，不能向锅炉进水。

4. 锅炉事故预防处理措施

（1）超压事故 锅炉超压事故是指锅炉在运行中，锅内的压力超过最高许可工作压力而危及锅炉安全运行的事故。超压事故是危险性比较大的事故之一，通常是锅炉爆炸的直接原因。

发生超压事故时，应迅速减弱燃烧；如果安全阀失灵，可以手动开启安全阀排汽，或打开锅炉上的放空阀，使锅炉逐渐降压，但严禁降压速度过快。在保持水位正常的同时，加大给水和排污，降低锅炉水温度。若全部压力表损坏，必须紧急停炉，检查锅炉超压原因和本体有无损坏后，再决定停炉或恢复运行。锅炉严重超压消除后，应停炉对锅炉进行内、外部检修，消除超压造成的变形、渗漏等。

（2）缺水事故 锅炉运行中，当水位低于水位表最低安全水位刻度线时，即形成缺水事故。锅炉缺水也是锅炉运行中最常见的事故之一。锅炉缺水会使锅炉蒸发受热面管路过热变形甚至爆破；造成胀口渗漏或脱落，炉墙损坏，严重时会导致锅炉爆炸。

事故发生时，首先校对各水位表所指示的水位，正确判断是否缺水。在无法确定是缺水还是满水时，可开启水位表的放水旋塞。若无锅水流出，表明是缺水事故，否则便是满水事故。轻微缺水时，应减少燃料和送风，并且缓慢向锅炉上水，使水位恢复正常，并查明缺水的原因；待水位恢复到最低安全水位线后，再加燃料和送风，恢复正常燃烧。严重缺水时，必须紧急停炉。必须注意的是，在未判定缺水程度或者已判定属于严重缺水的情况下，严禁给锅炉上水，以免造成锅炉爆炸事故。

（3）满水事故 锅炉水位高于水位表最高安全水位刻度线时，称为锅炉满水。满水会造成蒸汽大量带水，从而会使蒸汽管道发生水击；降低蒸汽品质，影响正常供汽；在装有过热器的锅炉中，还会造成过热器结垢或损坏。

轻微满水时，应将给水自动调节器改为手动，部分或全部关闭团给水阀。并减弱燃烧；有省煤器的锅炉开启省煤器的再循环管阀门，必要时开启排污阀、蒸汽管道及过热器上的疏水阀，当水位表显示水位降到正常水位线时，要立即关闭排污阀和各疏水阀，并恢复锅炉的正常运行。如果满水时出现水击，则在恢复水位后，还应检查蒸汽管道、附件、支架等有无异常情况。严重满水时，应采取紧急停炉措施，停止给水，迅速放水和疏水。

（4）汽水共腾事故　锅炉运行中，锅筒内蒸汽和锅中水共同升起，产生大量泡沫并上下波动翻腾的现象，称为汽水共腾。汽水共腾会使蒸汽带水，降低蒸汽品质，造成过热器结垢。严重时，蒸汽管道产生水击现象，损坏过热器或影响用汽设备的安全。

事故发生时，要先减弱燃烧，减小锅炉蒸发量，调小主汽阀开度，降低负荷；再调大连续排污阀，并打开定期排污阀，同时加强给水，改善锅水品质。然后开启蒸汽管道、过热器和分汽缸等处的疏水阀。

采用锅内投药的锅炉，应停止投药。在锅炉水质未改善前，不得增大锅炉负荷；事故消除后，应及时冲洗水位表。

（5）炉管爆破事故　锅炉运行过程中，炉管（包括水冷壁管、对流管束管及烟管等）突然破裂，汽水大量喷出，会造成锅炉爆管事故。锅炉爆管事故是仅次于锅炉爆炸的严重事故，是危险性比较大的事故之一。锅炉爆管时可以直接冲毁炉墙；可将临近的管壁喷射穿孔；在极短时间内造成锅炉严重缺水。

炉管破裂泄漏不严重，尚能维持锻炉水位，故障不会迅速扩大时，可以短时间地降低负荷运行，等备用炉起动后再停炉。但是，当备用锅炉长时间不能投入运行，而故障锅炉的事故又在继续恶化时，应紧急停炉。如果几台锅炉并列运行，要将故障锅炉的主蒸汽管与蒸汽母管隔断；如果共用一根给水母管，当故障锅炉加大给水维持运行时，会对其他锅炉的正常运行带来影响，要对故障锅炉实行紧急停炉。

发生严重爆管，不能维持水位时，必须紧急停炉。此时引风机不能停止运行，并应继续给锅炉上水，以降低管壁温度；但如果由于爆管造成严重缺水，而炉膛温度又很高时，切不可上水，以免导致更大的事故发生。

（6）省煤器损坏　省煤器损坏是指由于省煤器管子破裂或省煤器其他零件损坏（如接头法兰泄漏）所造成的事故。省煤器损坏会造成锅炉缺水而被迫停炉。

对于可分式省煤器，应开启省煤器旁通水管阀门向锅炉上水，同时开启旁通烟道挡板，使烟气经旁通烟道流出，暂停使用省煤器。同时将省煤器内的存水放掉，开启主汽阀或抬起安全阀在不停炉状态下对省煤器进行修理。修理时要注意安全，要检查主烟道挡板和省煤器进出口阀门的密封性，确保人身安全，否则应停炉进行修理。在隔绝故障省煤器的情况下，锅炉运行时应密切注意进入引风机的烟温，烟温不应超过引风机的铭牌规定，倘若超过应降低锅炉负荷。

对于不可分式省煤器，如能维持锅炉正常水位，可加大给水量，并且关闭所有的放水阀，以维持短时间运行，待备用锅炉投入运行后再停炉检修。如果事故扩大，不能维持正常水位时，应紧急停炉。

（7）过热器损坏　过热器损坏主要指过热器管破裂。

过热器损坏的处理：过热器管破裂不严重时，可适当降低锅炉蒸发量，在短时间内继续运行，直到备用锅炉投入使用或过渡到用汽高峰期后再停炉检修，但必须密切注意事故的发展情况。

过热器管损坏严重时必须及时停炉，防止从损坏的过热器管中喷出蒸汽而吹坏邻近的过热器管，使事故扩大。停炉后关闭主气阀和给水阀，保持引风机继续运转，以排除炉内的烟气和蒸汽。

（8）水击事故　水击是由于蒸汽或水突然产生的冲击力使锅筒或管道发生冲击或振动的一种现象。水击多发生于锅筒、蒸汽管道、给水管道、省煤器等部位。发生水击时，管道承受的压力骤然升高，如不及时处理，会造成管道、法兰、阀门等的损坏。

水击事故的处理方法如下。

① 锅筒内水击的处理

a. 检查锅筒内水位，如果水位过低应适当提高；提高进水温度，适当降低进水压力，使进水均匀平稳；对于下锅筒点火时有蒸汽加热装置的，应迅速关闭蒸汽阀。

b. 采取上述措施而故障仍未消除时，应立即停炉检修。检修时，应注意上锅筒内给水分配管、水槽和下锅筒内蒸汽加热设备存在的缺陷。

② 给水管道内水击的处理

a. 适当关小给水阀，若水击还不能消除，则改用备用给水管道给锅炉供水。如果无备用管道，则应对故障管道进行处理。

b. 关闭给水阀、开启省煤器与锅炉的再循环阀门，然后再缓慢开启给水阀，消除给水管道内的水击。

c. 开启给水管道上的放气阀，排除管道内的空气或蒸汽；保持给水压力和温度的稳定。

d. 检查给水泵和给水逆止阀工作是否正常。

③ 省煤器内水击的处理

a. 开启省煤器出口角箱上的空气阀，排净内部的空气或蒸汽。

b. 检查省煤器进水口管道上的止回阀工作是否正常。

c. 严格控制省煤器出口水温。出口水温过高，应开启旁路烟道，关闭省煤器烟道挡板。若没有旁路烟道，则可使用再循环管路，或者开启回水管阀门，将省煤器出水送向水箱。

④ 蒸汽管道水击的处理

a. 开启过热器集箱和蒸汽管道上的疏水阀进行疏水。

b. 属于蒸汽大量带水而造成蒸汽管道内水击的，除加强管道疏水外，还应检查锅炉水位是否过高，如水位过高，应适当加强排污；检查锅炉是否有汽水共腾或满水现象；检查锅筒内汽水分离装置是否有故障等。

c. 水击消除后，应对蒸汽管道的固定支架、法兰、焊缝及管道上所有的阀门进行检查，如有严重损坏，应进行修理或更换。

d. 加强水处理，保证锅炉给水和锅炉水质量，避免发生汽水共腾现象。

（9）空气预热器损坏　空气预热器发生泄漏，烟气中混入大量空气的现象，称为空气预热器损坏。

当预热器管子破裂不十分严重，尚可维持短时间运行，此时应立即启用旁通烟道。关闭主烟道挡板，待备用炉投入运行后再停炉检修。与此同时，应严密监视排烟温度，其不得超过引风机规定的温度值，否则应降低负荷或停炉检修。如果管子损坏严重，炉膛温度过低，无法维持锅炉正常燃烧时，应紧急停炉。

（10）水循环故障　水循环常见的故障有汽水停滞、下降管带汽及汽水分层。

① 汽水停滞　在同一循环回路中，如果各水冷壁受热不均匀，受热弱的水冷壁管内汽水混合物的流速较慢，甚至停止流动的现象为汽水停滞。出现汽水停滞时，水冷壁管内进水很少，特别是出口段含水量更少，这样的水冷壁虽然受热较弱，但冷却条件很差，往往会导致管壁超温爆破。特别是弯管段，因易积存蒸汽，更易发生爆管事故。

② 下降管带汽　下降管带汽是由于锅筒内的水位距下降管入口太近，在入口处形成旋涡漏斗，将蒸汽空间的蒸汽一起带入下降管。下降管距上升管太近时，也会把上升管送入锅筒的汽水混合物再抽入下降管内。另外，当锅筒内水容积中蒸汽上浮速度小于水的下降速度时，进入下降管的水中也会带汽。下降管带汽，增加了流动阻力，并且使上升管与下降管中工质的重度差减小，影响正常的水循环，会导致管子过热烧坏。

③ 汽水分层　当锅炉水冷壁管水平布置或倾斜角度过小时，管中流动的汽水混合物流速过低，就会出现汽水分层流动的现象，即蒸汽在管子上部流动，水在管子下部流动。这时，管子下部有水冷不致超温；而蒸汽的传热性能差，因此管子上部很可能因壁温过高而过热损坏。

（三）典型案例

【案例 1】 2014 年 2 月 21 日 1 时 05 分，河北某化工厂 1 号锅炉发生一起排污包焊管爆裂事故，造成 2 人死亡，直接经济损失 207 万元。事故直接原因是水汽工段设备主管和技术员违反该公司《锅炉岗位安全操作规程》，在 1 号锅炉没有停炉、降温、泄压的情况下，指挥并参与排污管漏点的堵漏维修。间接原因是企业安全生产管理不到位。

【案例 2】 2004 年 8 月，太原市吴家堡村一企业发生锅炉爆炸事故，造成 3 人死亡，3 人重伤。事故原因是，该锅炉是非法安装并已被停用的，在非法启用时，分汽缸供气阀关闭，安全阀和压力表均失灵，锅炉处于封闭状态，无法排气泄压，蒸汽超压发生物理爆炸。

二、气瓶安全

（一）气瓶安全管理

1. 气体充装检查

（1）充装前应对气瓶进行严格检查，包括漆色、气瓶内余气、瓶阀上进气口侧的螺纹、安全装置配备、合格证，以及外观检查。

（2）采取严密措施，防止超量充瓶。

2. 气瓶使用和维护

（1）防止气瓶受热升温。

（2）正确操作、合理使用。开阀时要慢慢开启，以防加压过快产生高温，对盛装可燃气体的气瓶应注意防止产生静电；开阀时不能用钢扳手敲击瓶阀，以防产生火花。氧气瓶的瓶阀及其他附件都禁止沾染油脂；每种气体要有专用的减压器，瓶阀或减压器泄漏时不得继续使用。气瓶使用到最后时应留有余气，以防混入其他气体或杂质，造成事故。

（3）加强维护。气瓶外壁上的油漆必须保持完好。漆色脱落或模糊不清时，应按规定重新漆色。瓶内混有水分常会加速气体对气瓶内壁的腐蚀，特别是氧、氯、一氧化碳等气体，盛装这些气体的气瓶在装气前，尤其是在进行水压试验以后，应该进行干燥。气瓶一般不得改装别种气体，如确实需要，按规定由有关单位负责清洗、置换并重新改变漆色后方可改装。

（二）气瓶安全技术

1. 气瓶充装技术

（1）对气瓶充装单位的要求　气瓶充装单位应向省级特种设备安全监督管理部门提出申请，经评审，确认符合条件的，由省级特种设备安全监督管理部门发给许可证；未经行政许可的，不得从事气瓶充装工作。

（2）永久气体的充装

① 充装前的检查。充装气体前对气瓶进行检查，可以消除或大大减少引起的气瓶爆炸事故。

② 永久气体充装量。永久气体气瓶的充装量是指气瓶在单位容积内允许装入气体的最大质量。永久气体气瓶充装量确定的原则是：气瓶内气体的压力在基准温度（20℃）下应不超过其公称工作压力；在最高使用温度（60℃）下应不超过气瓶的许用压力。

③ 充装中的注意事项。在气瓶充装过程中，须先对充装系统用的压力表进行校验，检验装瓶气体中的杂质含量，检验瓶阀出气口螺纹与所装气体所规定螺纹形式的相符性、瓶体温度和瓶阀的密封性。充气过程中，监听瓶内有无异常声音，禁止用扳手等金属器具敲击瓶阀或管道。充气完毕后，做好气瓶充装记录。

凡充装氧或强氧化性介质的人员，其手套、服装、工具等均不得沾有油脂，也不得使油脂沾染到阀门、管道、垫片等一切与氧气接触的装置物件上。

（3）液化气体的充装　液化气体气瓶充装前的检查内容及对应方法与永久气体气瓶充装基本相同。主要区别在于判别瓶内气体性质的方法不同，液化气体气瓶在充气前须称量瓶内剩余气体的质量。

（4）乙炔气的充装

① 充装前的检查和准备

a. 乙炔瓶的检查。乙炔瓶充装前，充装单位应有专职人员对其进行检查。检查中发现有下列情况之一的，严禁充装：无制造许可证单位生产的乙炔瓶；未经省级以上（含省级）质量技术监督部门检验机构检验合格的进口乙炔瓶；档案不在本充装单位保存又未办理临时充装变更手续的乙炔瓶。

b. 剩余压力检查。检查确定瓶内的剩余压力和溶剂补加量。乙炔瓶内必须有足够的剩余压力，以防混入空气。

c. 丙酮的充装。乙炔瓶内的丙酮在气瓶使用过程中，常常随着乙炔气体的放出而散失，因此气瓶充装前应逐瓶测定实际质量（实重），检查丙酮逸损情况，以确定其补加量。

② 充装中的注意事项

a. 乙炔气瓶的充装宜分次进行，每次充装后的静置时间应不小于 8h，并应关闭瓶阀。

b. 乙炔瓶的充装压力，在任何情况下都不得大于 2.5MPa。

c. 应严格控制充装速度，充罐时的气体体积流量应小于 $0.015m^3/(h \cdot L)$。

d. 充气过程中，应用冷却水均匀地喷淋气瓶，以防乙炔温度过高，产生分解反应。

e. 随时测试充气气瓶的瓶壁温度，如瓶壁温度超过 40℃，应停止充装，另行处理。

f. 充装中，1h 至少检查 1 次瓶阀出气口、阀杆及易熔合金塞等部位有无泄漏。发现漏气应立即妥善处理。

g. 因故中断充装的乙炔瓶需要继续充装时，必须先保证充装主管内乙炔气压力大于或者等于乙炔气瓶内压力，才可开启瓶阀和支管切换阀。

③ 充装后的检查　充装后的气瓶，先静置 24h，使其压力稳定、温度均衡。不合格的气瓶严禁出厂。

2. 气瓶的运输与储存

（1）气瓶运输　气瓶在运输或搬运过程中发生事故也是常见的。因气瓶容易受到震动和冲击，可能造成瓶阀撞坏或碰断而飞出伤人或引起喷出的可燃气体着火，甚至导致气瓶发生粉碎性爆炸。为确保气瓶在运输过程中的安全，气瓶的运输单位应根据有关规程、规范，按气体性质制定相应的运输管理制度和安全操作规程，并对运输、装卸气瓶的人员进行专业的安全教育。

（2）气瓶储存　瓶装气体品种多、性质复杂，在储存过程中，当气瓶受到强烈的震动、撞击或接近火源、受阳光暴晒、雨淋水浸、储存时间过长、温/湿度变化等的影响，以及性质相抵触的气体泄漏并相互接触时，就会引起爆炸、燃烧、灼伤、中毒等灾害性事故。气瓶入库前应检查储存库是否符合要求，对入库的气瓶进行逐个检查验收。入库气瓶应按照空瓶/实瓶，气体相容性，或者装有有毒有害气体的气瓶进行分室分类存放，并用链条等进行固定。对必须堆放的气瓶，堆放层数一般不超过 5 层，且气瓶的头部朝向同一方向，并注意防震。气瓶储存库应有专人管理，管理人员应在牌子上注明入库或定期检验的日期。对于限期储存的气体及不宜长期存放的气体，应注明存放期限。气瓶在存放期间，管理人员应定期测试库内的温度和湿度，尤其是夏季。毒性气体气瓶或可燃性气体气瓶入库后，要连续 2～3 天定时测定库内空气中毒性或可燃性气体的浓度。

气瓶的储存单位应建立并执行气瓶进出库制度，并做到瓶库账目清楚、数量准确、按时盘点、账物相符。气瓶发放时，库房管理员必须认真填写气瓶发放登记表。

3. 气瓶的安全使用

（1）气瓶的使用与维护　气瓶使用不当或维护不良会直接或间接造成爆炸、着火燃烧或中毒伤亡事故。从气体充装站或气瓶储存库接收气瓶时，应对所接收的气瓶进行逐只检查。

（2）气瓶安全使用要点
气瓶的使用单位和操作人员在使用气瓶时应做到以下几点。

① 使用单位应做到专瓶专用，不得擅自更改气瓶的钢印和颜色标记。

② 气瓶使用时，一般应立放，并应有防止倾倒的措施。

③ 使用氧气或氧化性气体气瓶时，操作者应仔细检查自己的双手、手套、工具、减压器、瓶阀等有无沾染油脂，凡有油脂的，必须脱脂干净后方能操作。氧气瓶和氧化性气体气瓶与减压器或汇流排连接处的密封垫，不得采用可燃性材料。

④ 在安装减压器或汇流排导管时，应检查卡箍或连接螺帽的螺纹完好情况，以免工作时脱开引起事故。用于连接气瓶的减压器、接头、导管和压力表，都应涂以标记，用在专一类气瓶上，严防混用。

⑤ 开启或关闭瓶阀时，只能用手或专用扳手，不准使用锤子、管钳、长柄螺纹扳手，以防损坏阀件。开启或关闭瓶阀的速度应缓慢，防止产生摩擦热或静电火花，对盛装可燃气体的气瓶尤应注意。

⑥ 发现瓶阀漏气，或放不出气来，或存在其他缺陷时，将瓶阀关闭，并将发现的缺陷标在瓶体上，送交气瓶充装单位处理。

⑦ 瓶内气体不得用尽，必须留有剩余压力，以防混入其他气体或杂质。永久气体气瓶的剩余压力应不小于 0.05MPa；液化气体气瓶应留有不少于 1.0% 规定充装量的剩余气体。

⑧ 在可能造成回流的使用场合，使用设备上必须配置防止倒灌的装置，如单向阀、止回阀、缓冲器等。

⑨ 液化石油气瓶用户不得将气瓶内的液化石油气向其他气瓶倒装，不得自行处理气瓶内的残液。

⑩ 气瓶投入使用后，不得对瓶体进行挖补、焊接修理。

⑪ 气瓶使用完毕，要送回瓶库或妥善保管。用完气的空瓶标上"空瓶"字样；已用部分气体的气瓶，应把剩余压力写在瓶身上；向瓶库退回未使用的气瓶，应标上"满瓶"字样。

⑫ 防止气瓶受热。不得将气瓶靠近热源。安放气瓶的地点周围 10m 范围内，不应进行有明火或可能产生火花的作业；气瓶在夏季使用时，应防止暴晒。瓶阀冻结时，应把气瓶移到较温暖的地方，用温水解冻。严禁用温度超过 40℃ 的热源对气瓶加热。盛装易于自行产生聚合反应或分解反应的气体的气瓶，应避开放射性射线源。

⑬ 加强维护。经常保持气瓶上油漆完好，漆色脱落或模糊不清时，应按规定重新漆色；严禁敲击、碰撞气瓶，严禁在气瓶上进行电焊引弧，不准用气瓶做支架。

（3）气瓶改装　气瓶改装是指原来盛装某一种气体的气瓶改为充装别种气体。气瓶改装，特别是使用单位自行改装，是国内气瓶爆炸事故的主要原因，因此必须慎重对待。

① 对气瓶改装的规定。气瓶的使用单位不得擅自更改气瓶的颜色标记，换装别种气体。确实需要更换气瓶盛装气体的种类时，应提出申请，由气瓶检验单位负责对气瓶进行改装。气瓶改装后，负责改装的单位应将气瓶改装情况通知气瓶所属单位，记入气瓶档案。

② 气瓶改装注意事项。负责改装的单位应根据气瓶制造钢印标记和安全状况，确定气瓶是否适合于所换装的气体，包括气瓶的材料与所换装的气体的相容性、气瓶的许用压力是否符合要求等。气瓶改装时，应根据原来所装气体的特性，采用适当的方法对气瓶内部进行彻底清理、检验，打检验钢印和涂检验色标，换装相应的附件，并按相关规定更改换装气体的字样、色环和颜色标记。

（三）典型案例

【案例 1】某日，某石油化工厂电解车间 3 名当班工人负责在包装台灌液氯钢瓶，2 人负责推运钢瓶。当需要灌装时，推运钢瓶的两人察看后认为无问题，就把钢瓶推上了磅秤。操作者抽空后就开始充氯，充氯 1min 后，钢瓶发生猛烈爆炸。瓶体纵向开裂，并向相反方向弯曲，许多碎块向四处飞溅，3 人当场死亡，2 人轻伤。调查发现，钢瓶内存有环氧丙烷，这类有机物与液氯混合会发生剧烈的化学反应，引起了这次爆炸。

事故直接原因是操作工在灌装前未认真检查瓶内气体是否抽干净便盲目充装。间接原因是工厂气瓶管理混乱。

【案例 2】某市黄金冶炼厂一辆 130 型汽车在某化肥厂装上两个充装了液氨的钢瓶，返回途中一个液氨钢瓶突然发生爆炸事故，造成 5 人死亡，7 人重伤，7 人轻伤。事后，对未爆炸的那个液氨钢瓶进行检查，该瓶实际充装了 247.8kg 液氨，而钢瓶规定的最大充装量为 200kg。该化肥厂充装液氨管理混乱，没有严格的充装管理制度，没有执行气瓶称重充装，充装工人仅凭肉眼观察钢瓶气相阀是否有雾状液滴喷出作为充装要求的标志，而不用衡器称重，充装后也没复秤检查。

【案例 3】1985 年 3 月 22 日，某石油化工厂在向编号为 157 的钢瓶罐装液氯时，才灌注 1min，钢瓶即爆炸，瓶体纵向开裂并弯曲，碎块四飞，3 人当场死亡。事故原因是该钢瓶是从外地购买的旧钢瓶，购买后未作任何检查处理就投入使用。爆炸之前，上一班包装工在检查 157 号钢瓶时，发现瓶口冒白色泡沫并有芳香气味，向领导汇报后未作处理。估计是钢瓶内部存有的芳香族有机物与液氯发生化学反应，生成大量氯化氢气体导致化学爆炸。

第二节　压力容器及管道安全

一、压力容器安全管理

压力容器使用单位应当严格按照《特种设备安全监察条例》规定加强压力容器的安全管理工作。必须严格执行压力容器的登记、定期检验、停用、过户、移装和报废注销等强制性规定。应指定具有压力容器管理资质、熟悉专业和相关法规标准的工程技术人员，负责压力容器的安全管理工作，落实操作人员培训和作业证制度。必须针对具体的压力容器制定并严格执行以岗位责任制为核心，包括安全操作、安全检查、维修保养、应急救援、技术档案管理等在内的压力容器安全管理制度。

（一）压力容器的安全操作

1. 基本要求

（1）平稳操作。加载和卸载应缓慢，并保持运行期间载荷的相对稳定。

（2）防止超压，要密切注意减压装置的工作情况，并装设灵敏可靠的安全泄压装置。

（3）由于容器内物料的化学反应而产生压力的容器，必须严格控制每次投料的数量及原料中杂质的含量，并有防止超量投料的严密措施。

（4）储装液化气体的容器，为了防止液体受热膨胀而超压，一定要严格计量。

（5）除了防止超压以外，压力容器的操作温度也应严格控制在设计规定的范围内，长期的超温运行也可以直接或间接地导致容器的破坏。

2. 容器运行期间的检查

容器专责操作人员在容器运行期间应经常检查容器的工作状况，以便及时发现操作上或设备上的不正常状态，采取相应的措施进行调整或消除，防止异常情况的扩大或延续，保证容器安全运行。

（1）对运行中的容器进行检查，包括检查工艺条件、设备状况以及安全装置等方面。

（2）容器的紧急停止运行。压力容器在运行中出现下列情况时，应立即停止运行：容器的操作压力或壁温超过安全操作规程规定的极限值，而且采取措施仍无法控制，并有继续恶化的趋势；容器的承压部件出现裂纹、鼓包变形、焊缝或可拆连接处泄漏等危及容器安全的迹象；安全装置全部失效，连接管件断裂，紧固件损坏等，难以保证安全操作；操作岗位发生火灾，威胁到容器的安全操作；高压容器的信号孔或警报孔泄漏。

3. 压力容器的维护保养

容器的维护保养主要包括以下几方面内容。

（1）保持完好的防腐层。

（2）消除产生腐蚀的因素。

（3）消灭容器的"跑、冒、滴、漏"，经常保持容器的完好状态。"跑、冒、滴、漏"不仅浪费原料和能源，污染工作环境，还常常造成设备的腐蚀，严重时还会引起容器的破坏事故。

（4）加强容器在停用期间的维护。

（5）经常保持容器的干燥和清洁，防止大气腐蚀。

（6）经常保持容器的完好状态。容器上所有的安全装置和计量仪表，应定期进行调整校正，使其始终保持灵敏、准确；容器的附件、零件必须保持齐全和完好无损。

（二）压力容器常见事故原因

1. 压力容器事故类型及特点

（1）据容器发生破裂的特征，压力容器事故可分为爆炸与泄漏两大类。

（2）据容器的破坏程度，压力容器事故可分为3种。

① 爆炸事故 压力容器在使用中或试压中受压部件突然破裂，容器中介质压力瞬时降至等于外界大气压力的事故。

② 重大事故 压力容器受压部件严重损坏（过度变形、泄漏）、附件损坏等

而使压力容器被迫停止运行，必须进行修理的事故。

③ 一般事故　压力容器受压部件或附件损坏程度不严重，不需要停止运行进行修理的事故。

2. 压力容器事故原因分析

（1）结构不合理，材质不符合要求，焊接质量不好，受压元件强度不够。以及其他设计制造方面的原因。

（2）安装不符合技术要求，安全附件规格不对，质量不好，以及其他安装、改造或修理方面的原因。

（3）在运行中超压、超负荷、超温，违反劳动纪律，违章作业，超过检验期限没有进行定期检验，操作人员不懂技术，以及其他运行管理方面的原因。

（三）压力容器事故的控制措施

1. 压力容器事故的应急措施

（1）发生重大事故时应启动应急预案，保护现场，并及时报告有关领导和监察机构。

（2）压力容器发生超压、超温时要马上切断进气阀；对于反应容器停止进料；对于无毒非易燃介质，要打开排空管排气；对于有毒易燃易爆介质要打开放空管，将介质通过接管排至安全地点。

（3）如果属超温引起的超压，除采取上述措施外，还要通过水喷淋冷却以降温。

（4）压力容器发生泄漏时，要马上切断进料阀及泄漏处前端阀门。

（5）压力容器本体泄漏或第一道阀门泄漏时，要根据容器、介质的不同使用专用堵漏技术和堵漏工具进行堵漏。

（6）易燃易爆介质泄漏时，要对周边明火进行控制，切断电源，严禁一切用电设备运行，防止火灾、爆炸事故产生。

2. 压力容器事故预防处理措施

针对压力容器发生事故的常见原因，可以采取相应的事故预防措施。

（1）在设计上，应采用合理的结构，如采用全焊透结构，使材料能自由膨胀等，避免应力集中、几何突变；针对设备使用工况，选用塑性、韧性较好的材料；强度计算及安全阀排量计算符合标准。

（2）制造、修理、安装、改造时，加强焊接管理，提高焊接质量并按规范要求进行热处理和探伤；加强材料管理，避免采用有缺陷的材料或用错钢材、焊接材料。

（3）在使用过程中，加强运行管理，保证安全附件和保护装置灵活，齐全；

提高操作工人素质,防止产生误操作等现象。

(4) 在压力容器使用中,加强使用管理,避免操作失误,超温、超压、超负荷运行,失检、失修、安全装置失灵等,加强检验工作,及时发现缺陷并采取有效措施。

二、压力管道安全

(一)压力管道安全技术

1. 一般要求

(1) 管道设计要与装置整体设计统一考虑,必须符合管道仪表流程图。要有适当的支撑,保证足够的强度。

(2) 管道的敷设主要有架空和埋地两种类型,在选择何种敷设类型时可根据具体情况确定。化工和石油化工企业的工业管道大都采用架空敷设。长输管道一般采用埋地敷设,它利用了地下空间,缺点是有腐蚀、检查和维修困难。工业管道埋地敷设的较少,即使是埋地敷设也大都用管沟,而不是直接敷设在地下。

2. 防火安全设计

当管道敷设在管廊上时,为充分利用空间,一般将机泵置于管廊下,管廊的上面放置引风机,管廊的两侧是主体设备。管廊与它们之间要保持一定的距离。这个距离要满足防火的有关规范标准。GB 50160—2008(2018 年版)中有详细而明确的规定。

3. 防爆安全设计

压力管道可通过防止设备和管道泄漏、用惰性气体将易燃物质与空气隔离、连锁保护等措施来达到防爆的目的。

在总体设计中还要设法限制和缩小危险区的范围。将不同等级的爆炸危险区与非爆炸危险区隔开;采用露天布置和加强室内通风使爆炸危险物质浓度低于爆炸极限,用可燃物质报警装置监测爆炸危险物浓度。

(二)压力管道常见事故原因及控制措施

1. 压力管道事故类型及特点

压力管道事故按设备破坏程度分为爆炸事故、严重损坏事故和一般损坏事故。

爆炸事故是指压力管道在使用中或压力试验时,受压部件发生破坏,设备中介质蓄积的能量迅速释放,内压瞬间降至外界大气压力及压力管道泄漏而引发的各类爆炸事故。

严重损坏事故是指由于受压部件、安全附件、安全保护装置损坏及因泄漏而引起的火灾、人员中毒和压力管道设备遭到破坏的事故。

一般损坏事故是指压力管道在使用中受压部件轻微损坏而不需要停止运行进行修理，以及发生泄漏未引起其他次生灾害的事故。

2. 压力管道事故

压力管道发生事故后，一般会造成严重的事故后果，一般说来，事故主要有如下几种。

（1）爆管事故。压力管道在其试压或运行过程中由于各种原因造成的穿孔、破裂致使系统被迫停止运行的事故，称为爆管事故。

（2）裂纹事故。压力管道在运行过程中由于各种原因产生不同程度的裂纹，从而影响系统的安全，这种事故称为裂纹事故。裂纹是压力管道最危险的一种缺陷，是导致脆性破坏的主要原因，要引起高度重视。裂纹扩展很快，如不及时采取措施就会发生爆管。

（3）泄漏事故。压力管道由于各种原因造成的介质泄漏，称为泄漏事故。由于管道内的介质不同，如果发生泄漏，轻则造成能源浪费和环境污染，重则造成燃烧爆炸事故，危及人民生命财产的安全。

3. 压力管道事故应急措施

（1）发生重大事故时应启动应急预案，保护现场，并及时报告有关领导和监察机构。

（2）压力管道发生超压时要马上切断进气阀；对于无毒非易燃介质，要打开排空管排气；对于有毒易燃易爆介质要打开放空管，将介质通过接管排至安全地点。

（3）压力管道本体泄漏时，要根据管道、介质的不同采用专用堵漏技术和堵漏工具进行堵漏。

（4）易燃易爆介质泄漏时，要对周边明火进行控制，切断电源，严禁一切用电设备运行，防止火灾、爆炸事故产生。

4. 压力管道事故预防处理措施

压力管道事故的原因涉及设计、制造、安装、使用、检验、修理和改造 7 个环节。要将压力管道事故控制到最低限度，确保压力管道经济、安全运行，必须对压力管道实行全过程管理。

（1）对压力管道设计、制造、安装、检验单位实施资格许可制度，这是保证压力管道质量的前提。

（2）对压力管道元件依法实行型式试验。型式试验检验其是否符合产品标准，是控制元件质量最直接的措施。

（3）对新建、扩建、改建的压力管道安装质量实施法定监督检验。

（4）使用系统的安全监察和管理。使用单位应严格按照相关要求，落实压力管道安全专（兼）职人员和机构管理，落实安全管理制度（包括巡线检查制度和各项操作规程），落实定期检验和检修计划，操作人员经培训考核持证上岗，压力管道逐步注册登记。对易产生腐蚀的管道，应正确选材、设计及选用良好的防护涂层，特殊情况下选用耐腐蚀非金属材料，埋地管线同时采用阴极保护。

（5）严格依法执行在用压力管道定期检验制度。

（6）建立一套监察有序、管理科学的压力管道法规标准体系。尽快颁布实施在用压力管道检验相关法规，使压力管道安全监察和管理逐步走上法制化、规范化的轨道。

三、典型案例

【案例1】2005年某日，某公司发生一起压力容器（汽车罐车）泄漏爆燃重大事故，造成3人死亡，9人轻度中毒，直接经济损失102万元。

事故直接原因是：该公司操作工发现液氨罐车液相连接软导管有质量问题，不报告，不停止充装，违章操作。另外，在充装过程中无人监视，处于失控状态，造成液相连接软导管破裂无人发现，导致大量氨气泄漏并引起爆燃。

事故间接原因是：企业主管部门管理不到位，对企业存在的问题和安全隐患未能及时发现和整改；员工安全常识、专业知识培训教育不到位，突发事件应急能力不高。

【案例2】某高速"3·1"特别重大燃爆事故。2014年3月1日，某公司一辆实载29t甲醇的重型罐式货车由北向南行驶至二广高速公路岩后隧道路段，进入隧道追尾碰撞了前方另一辆实载29.6t甲醇的重型罐式货车。由于前车未安装紧急切断阀，造成甲醇泄漏，后车发生电气短路，引燃泄漏的甲醇。由于岩后隧道入口低、出口高，甲醇在隧道入口处泄漏燃烧后，火势迅速沿隧道向出口蔓延，先后引燃前方排队等候通行的运煤车，并导致隧道内一辆载有液化天然气的车辆发生爆炸。大火造成隧道内40人死亡，12人受伤，42辆汽车、1500多吨煤炭燃烧，持续73h才扑灭，二广高速公路岩后隧道路段交通中断3天多。

【案例3】"7·8"液氨泄漏事故。2002年7月8日，一辆20t液氨罐车在某公司液氨库区进行液氨灌装，灌装结束押运员在关闭灌装阀门过程中，液氨连接导管突然破裂，20t液氨泄漏。这起事故共造成15人死亡，22人重度中毒。液氨连接导管系无生产许可证的厂家生产的软管，其破裂是造成事故的直接原因，液氨罐车上的紧急切断装置失灵是事故扩大的主要原因。此外，液氨库区灌装场地离周围居民仅 25m，远远低于 1000m 的安全距离要求。

第三节　起重机械安全

起重机械是机械设备中蕴藏危险因素较多，易发事故的典型危险机械之一。实践证明，绝对避免起重机事故是不现实的，积极防范、力求减少与避免起重机械事故发生是每一个与起重机械有关人员的神圣职责。最有必要的是要能掌握起重机械事故的类型特点、发生事故的原因，这样才能制定出防范事故发生的措施。

一、起重机械事故类型及特点

（一）事故类型

从事故和伤害形式来看，起重机械常见事故可分为以下几大类：重物失落事故、挤伤事故、坠落事故、触电事故、机体毁坏事故和特殊类型事故等。

（1）重物失落事故，包括脱绳事故、脱钩事故、断绳事故、吊钩破断事故等。

（2）挤伤事故，包括吊具或吊载与地面物体间的挤伤事故、升降设备的挤伤事故、机体与建筑物间的挤伤事故、机体回转击伤事故，以及翻转作业中的撞伤事故等。

（3）坠落事故，主要是指从事起重作业的人员，从起重机械机体等高空处发生向下坠落至地面的摔伤事故，包括零部件从高空坠落使地面作业人员致伤的事故，从机体上滑落摔伤事故、机体撞击坠落事故、轿箱坠落摔伤事故、维修工具及零部件坠落砸伤事故，震动坠落事故和制动下滑坠落事故等。

（4）触电事故，包括室内作业的触电事故、室外作业的触电事故等。

（5）机体毁坏事故，包括断臂事故、倾翻事故、机体摔伤事故和相互撞毁事故等。

（二）特点

起重机械伤害事故有以下特点。

（1）事故大型化、群体化，一起事故有时涉及多人，并可能伴随大面积设备、设施的损坏。

（2）事故类型集中，一台设备可能发生多起不同性质的事故。

（3）事故后果严重，一旦出现人员伤害，一般不是重伤就是死亡。

（4）伤害涉及的人员可能是驾驶员、司索工和作业范围内的其他人员，其中司索工被伤害的比例最高。

（5）在安装、维修和正常起重作业中都可能发生事故，其中起重作业中发生的事故最多。

（6）建筑、冶金、机械制造和交通运输等行业事故高发，与这些行业起重设备多、使用频率高、作业条件复杂有关。

（7）重物坠落是各种起重机共同的易发事故；汽车起重机易发生倾翻事故；塔式起重机易发生倒塔折臂事故；室外轨道起重机在风载作用下易发生脱轨翻倒事故；大型起重机易发生安装事故等。

二、起重机械事故原因分析

（一）重物坠落

吊具或吊装容器损坏、物件捆绑不牢、挂钩不当、电磁吸盘突然失电、起升机构的零件故障（特别是制动器失灵、钢丝绳断裂）等都会引发重物坠落。处于高位置的物体具有势能，当坠落时，势能迅速转化为动能，成吨重的吊载意外坠落，或起重机械的金属结构件破坏、坠落，都可能造成严重后果。

（二）起重机械失稳倾翻

起重机械失稳有两种类型：一是由于操作不当（例如超载、臂架变幅或旋转过快等）、支腿未找平或地基沉陷等原因使倾翻力矩增大，导致起重机倾翻；二是由于坡度或风荷载作用，使起重机械沿路面或轨道滑动，导致脱轨翻倒。

（三）金属结构的破坏

庞大的金属结构是各类桥架起重机械、塔式起重机械和门座起重机械的主要构成部分，作为整台起重机械的骨架，不仅承载起重机械的自重和吊重，而且构架了起重作业的立体空间。金属结构的破坏常常会导致严重伤害，甚至群死群伤的恶果。

（四）挤压

起重机械轨道两侧缺乏良好的安全通道或与建筑结构之间缺少足够的安全距

离，使运行或回转的金属结构机体对人体造成夹挤伤害；运行机构的操作失灵或制动器失灵引起溜车，造成碾压伤害等。

（五）高处坠落

人员在离地面2m以上高度进行起重机械的安装、拆卸、检查、维修或操作等作业时，从高处跌落造成伤害。

（六）触电

起重机械在输电线附近作业时，其任何组成部分或吊物与高压带电体距离过近，感应带电或触碰带电物体，都可能引发触电伤害。

（七）其他伤害

其他伤害是指人体与运动零部件接触引起的绞、碾、戳等伤害；液压起重机的液压元件破坏造成高压液体的喷射伤害；飞出物件的打击伤害；装卸高温液体金属及易燃易爆、有毒、腐蚀等危险品，由于坠落或包装捆绑不牢破损引起的伤害等。

三、起重机械事故应急措施

（1）由于台风、超载等非正常载荷造成起重机械倾翻事故时，应及时通知有关部门和起重机械制造、维修单位维保人员到达现场，进行施救。

（2）发生火灾时，应采取措施施救被困在高处无法逃生的人员，并应立即切断起重机械的电源，防止电气火灾的蔓延扩大；灭火时，应防止二氧化碳等中毒窒息事故的发生。

（3）发生触电事故时，应及时切断电源，对触电人员进行现场救护，预防因电气而引发的火灾。

（4）发生从起重机械高处坠落事故时，应采取相应措施，防止再次发生高处坠落事故。

（5）发生载货升降机故障，致使货物被困轿厢内，操作员或安全管理员应立即通知维保单位，由维保单位专业维修人员进行处置。维保单位不能很快到达的，由经过训练、取得特种设备作业人员证书的作业人员依照规定步骤释放货物。

四、起重机械事故预防处理措施

（1）加强对起重机械的管理。认真执行起重机械各项管理制度和安全检查制度。做好起重机械的定期检查、维护、保养，及时消除隐患，使起重机械始终处于良好的工作状态。

（2）加强对起重机械操作人员的教育和培训，严格执行安全操作规程，提高操作人员的技术能力和处理紧急情况的能力。

（3）起重机械操作过程中要坚持"十不吊"原则，即：

① 指挥信号不明或乱指挥不吊；

② 物体质量不清或超负荷不吊；

③ 斜拉物体不吊；

④ 重物上站人或有浮动物件不吊；

⑤ 工作场地昏暗，无法看清场地、被吊物及指挥信号不吊；

⑥ 遇有拉力不清的埋置物时不吊；

⑦ 物件捆绑不牢或吊挂不牢不吊；

⑧ 重物棱角处与吊绳之间未加衬垫不吊；

⑨ 结构或零部件有影响安全工作的缺陷或损伤时不吊；

⑩ 钢（铁）水装得过满不吊。

（4）加强触电安全防护措施。如采取安全电压、加强绝缘、屏护、安全距离、接地与接零、漏电保护等措施。

第四节　化工设备的安全及检修

一、化工装置检修前的准备工作

（一）组织准备

为确保检修工作安全、高效进行，应在检修前设置检修指挥部，由厂长（经理）为总指挥，下设施工检验组、质量验收组、停开车组、物资供应组、安全保卫组、政工宣传组、后勤服务组。参加检修的人员，应根据检修项目的多少、任务的大小，按具体情况而定。在检修前必须对参加人员进行检修前的安全教育。安全教育的主要内容如下。

（1）需检修车间的工艺特点、应注意的安全事项以及检修时的安全措施。

（2）检修规程、安全制度以及动火、有限空间、高处等作业的安全措施。

（3）检修中经常遇到的重大事故案例和经验教训。

（4）检修各工种所使用的个体防护用品的使用要求和佩戴方法等。

（二）制定安全检修方案

检修前必须由检修单位的机械员或施工技术人员负责编制安全检修方案，其主要内容应包括检修时间、设备名称、检修内容、质量标准、工作程序、施工方法等一般性内容，还应包括设备和管线的置换、吹洗、抽堵盲板方案及其流程示意图，以及重大项目清单和安全施工方案，重大起重吊装方案等。

安全检修方案必须详细具体，对每一步骤都有明确的要求和注意事项，并指定专人负责。方案编制后，经讨论、修订和完善，报管理部门审批。

（三）材料备件准备

根据检修的项目、内容和要求，准备好检修所需的材料、附件、工具、设备及保护装备，并严格检查合格与否。特别是起重工具、脚手架、登高用具、通风设备、气体防护器具和消防器材，要有专人进行准备和检查。检查人员要将检查结果认真登记，并签字存档。

检修用的材料、工具和设备运到现场后，应合理布置，不能妨碍通行，不能妨碍正常检修。

（四）制定检修安全措施

为确保化工装置检修的安全，除了企业已制定的动火、动土、罐内空间作业、登高、电气、起重等安全措施外，应针对检修作业的内容、范围提出补充安全要求，制定相应的安全措施以及紧急情况下的应急响应措施；安全部门还应制定教育、检查、奖罚的管理办法。

二、化工装置的安全检修

（一）化工装置检修的安全管理

1. 检修许可证制度

企业在检修装置之前，应办理检修许可证，并报工程管理部门审批，如设备所属单位内部人员检修则不必报工程管理部门审批。设备检修如需高处作业、动火、动土、断路、吊装、抽堵盲板、进入设备内作业等，需按规定办理相应的安全作业许可证（表4-2）。

表 4-2　设备检修安全作业许可证

编号：

设备名称		所属单位	
检修地点		检修单位	
检修负责人		参加检修人	
检修起止时间		年　月　日　时　分至　　年　月　日　时　分	
检修内容： <div align="right">年　月　日</div>			
风险分析和安全措施： 			
设备交出负责人：　　　　　　　　　　　检修项目负责人：			
设备所在单位审查意见			年　月　日
检修单位审查意见			年　月　日
工程管理部门意见			年　月　日

2. 检修作业安全要求

（1）检修过程中

① 参加检修作业的人员应按规定正确穿戴劳动保护用品。

② 检修作业人员应遵守本工种安全技术操作规程。

③ 从事特种作业的检修人员应持有特种作业操作证。

④ 多工种、多层次交叉作业时，应统一协调，采取相应的防护措施。

⑤ 从事有放射性物质的检修作业时，应通知现场有关操作、检修人员避让，确认好安全防护间距，按照国家有关规定设置明显的警示标志，并设专人监护。

⑥ 夜间检修作业及特殊天气的检修作业，必须安排专人进行安全监护。

⑦ 在检修过程中，要组织安全检查人员到现场巡回检查，发现问题及时纠正、解决。如有严重违章者安全检查人员有权令其停止作业。

⑧ 当生产装置出现异常情况可能危及检修人员安全时，设备使用单位应立即通知检修人员停止作业，迅速撤离作业场所。经处理，异常情况排除且确认安全后，检修人员方可恢复作业。

（2）检修结束后

① 因检修需要而拆移的盖板、算子板、扶手、栏杆、防护罩等安全设施应恢复其安全使用功能。

② 检修所用的工器具、脚手架、临时电源、临时照明设备等应及时撤离现场。

③ 检修完工后所留下的废料、杂物、垃圾、油污等应清理干净。

（二）化工装置检修作业

1. 动火作业

（1）动火作业审批　动火作业是指在禁火区进行焊接与切割作业及在易燃易爆场所使用喷灯、电钻、砂轮等进行可能产生火焰、火花和炽热表面的临时性作业。当检修作业涉及动火作业时，应按《生产区域动火作业安全规范》的要求，采取措施，办理审批手续。

（2）动火作业分类

动火作业分为特殊动火作业、一级动火作业和二级动火作业三类。

① 特殊动火作业在生产运行状态下的易燃易爆物品生产装置、输送管道、储罐、容器等部位上及其他特殊危险场所的动火作业。

② 一级动火作业　在易燃易爆场所进行的除特殊动火作业以外的动火作业。

③ 二级动火作业　除特殊危险动火作业和一级动火作业以外的动火作业。

凡生产装置或系统全部停车，装置经清洗置换、取样分析合格，并采取安全隔离措施后，可根据其火灾、爆炸危险性大小，经厂安全防火部门批准，动火作业可按二级动火作业管理。

遇节日、假日或其他特殊情况时，动火作业应升级管理。

（3）动火作业安全防火基本要求

① 动火作业应办理《动火安全作业证》（表 4-3），进入受限空间、高处等进行动火作业时，还需执行受限空间作业安全规范和高处作业安全规范的规定。

② 动火作业应有专人监火，动火作业前应清除动火现场及周围的易燃物品，或采取其他有效的安全防火措施，配备足够适用的消防器材。

③ 凡在盛有或盛过危险化学品的容器、设备、管道等生产、储存装置及处于 GB 50016 规定的甲类和乙类区域的生产设备上动火作业，应将其与生产系统彻底隔离，并进行清洗、置换，取样分析合格后方可动火作业；因条件限制无法进行清洗、置换而确需动火作业时按规定执行；地面如有可燃物、空洞、窨井、地沟、水封等，应检查分析，距用火点 15m 以内的，应采取清理或封盖等措施；对于用火点周围有可能泄漏易燃、可燃物料的设备，应采取有效的空间隔离措施。

④ 拆除管线的动火作业，应先查明其内部介质及其走向，并制订相应的安全防火措施。

⑤ 在生产、使用、储存氧气的设备上进行动火作业，氧含量不得超过 21%。

⑥ 五级风以上（含五级风）天气，原则上禁止露天动火作业。因生产需要确需动火作业时，动火作业应升级管理。

⑦ 在铁路沿线（25m 以内）进行动火作业时，遇装有危险化学品的火车通过或停留时，应立即停止作业。

⑧ 凡在有可燃物构件的凉水塔、脱气塔、水洗塔等内部进行动火作业时，应采取防火隔绝措施。

⑨ 动火期间距动火点 30m 内不得排放各类可燃气体；距动火点 15m 内不得排放各类可燃液体；不得在动火点 10m 范围内及用火点下方同时进行可燃溶剂清洗或喷漆等作业。

⑩ 动火作业前，应检查电焊、气焊、手持电动工具等动火工器具本质安全程度，保证安全可靠。

⑪ 使用气焊、气割动火作业时，乙炔瓶应直立放置；氧气瓶与乙炔气瓶间距不应小于 5m，二者与动火作业地点不应小于 10m，并不得在烈日下曝晒。

⑫ 动火作业完毕，动火人和监火人以及参与动火作业的人员应清理现场，监火人确认无残留火种后方可离开。

（4）典型案例　2000 年 7 月山东某石油化工助剂厂，因未堵盲板，违章动火焊接，造成油罐起火，10 人死亡。事故是在焊接同油罐底部 DN80 闸阀对接的管道时发生的。该油罐盛装过柴油，但已长时间不用，阀门以下有深 24cm 的柴油，其体积约 15m^3。作业人员认为柴油挥发性不强，该闸阀已关闭，可以起到隔绝作用，已经制作了盲板但没有安装。柴油中的轻沸点成分通过该阀门内漏，进入了尚未对接好的管线，遇到焊接明火，引爆该罐内的混合气体，拉断盛满汽油的储罐出口管线，造成火灾事故。

表 4-3　动火安全作业证

申请单位		申请人		作业编号	
动火作业级别					
动火地点					
动火方式					
动火时间		自　年　月　日　时　分　至　年　月　日　时　分			
动火作业负责人			动火人		
动火分析时间	年　月　日　时		年　月　日　时		年　月　日　时
分析点名称					
分析数据					

续表

分析人		
涉及的其他特殊作业		
危害辨识		

序号	动火安全措施	确认人
1	动火设备内部构件清理干净,蒸汽吹扫或水洗合格,达到用火条件	
2	断开与动火设备相连接的所有管线,加盲板( )块	
3	动火点周围(最小半径15m)的下水井、地漏、地沟、电缆沟等已清除易燃物,并已采取覆盖、铺沙、水封等手段进行隔离	
4	罐区内动火点同一围堰内和防火间距内的油罐不同时进行脱水作业	
5	高处作业已采取防火花飞溅措施	
6	动火点周围易燃物已清除	
7	电焊回路线已接在焊件上,把线不得穿过下水井或与其他设备搭接	
8	乙炔气瓶(禁止卧放)、氧气瓶与火源间的距离大于10m	
9	现场配备消防蒸汽甩头(或氮气甩头)( )根,灭火器( )台,铁锹( )把,石棉防火毡( )块,应急干沙( )袋	
10	其他安全措施	

编制人:

生产单位负责人		监火人		动火初审人	
实施安全教育人					

申请单位意见

签字: 年 月 日 时 分

安全管理部门意见

签字: 年 月 日 时 分

动火审批人意见

签字: 年 月 日 时 分

动火前,岗位当班班长验票

签字: 年 月 日 时 分

完工验收: 年 月 日 时 分　　　　　签名

2. 临时用电

（1）检修使用的电气设施　临时用电作业有两种：一是照明电源，二是检修施工机具电源（卷扬机、空压机、电焊机等）。

（2）临时用电安全要求

① 临时用电电气设施的接线工作，需由电工操作，其他工种不得私自乱接。电气设施和线路应按供电电压等级和容量正确使用，要求线路绝缘良好耐压等级不低于 500V，并符合国家相关产品标准及作业现场环境要求。

② 临时用电应设置保护开关，使用前应检查电气装置和保护设施的可靠性。所有的临时用电均应设置接地保护。电气设备，如电钻、电焊机等手拿电动机具，在正常情况下，外壳没有电，当内部线圈年久失修，腐蚀或机械损伤，其绝缘遭到破坏时，它的金属外壳就会带电，如果人站在地上、设备上，手接触到带电的电气工具外壳或人体接触到带电导体上，人体与脚之间产生了电位差，并超过 40V，就会发生触电事故。

③ 在运行的生产装置、罐区和具有火灾爆炸危险场所内不应接临时电源，确需时应对周围环境进行可燃气体检测分析并办理用电审批手续。

④ 在开关上接引、拆除临时用电线路时，其上级开关应断电上锁并加挂安全警示标牌。铺设线路时，动力和照明线路应分路设置，线路铺设整齐不乱，埋地或架高铺设均不能影响施工作业、人行和车辆通过。线路不能与热源、火源接近。

⑤ 临时用电线路经过有高温、震动、腐蚀、积水及产生机械损伤等区域，不应有接头，并应采取相应的保护措施。

⑥ 移动或局部式照明灯宜为防爆型，要有铁网罩保护。行灯应用导线预先接地，电压不应超过 36V，在特别潮湿的场所或塔、釜、槽、罐等金属设备内作业，临时照明行灯电压不应超过 12V。临时照明灯具悬吊时，不能使导线承受张力，必须用附属的吊具来悬吊。

⑦ 现场临时用电配电盘、箱应有电压标识和危险标识，应有防雨措施，盘、箱、门应能牢靠关闭并能上锁。

⑧ 临时用电时间一般不超过 15 天，特殊情况不超过 1 个月。用电结束后，用电单位应及时通知供电单位拆除临时供电线路。

临时用电安全作业证如表 4-4 所示。

表 4-4　临时用电安全作业证

申请单位		申请人		作业证编号	
作业时间	自　年　月　日　时　分　至　年　月　日　时　分				

续表

作业地点				填写人	
电源接入点			工作电压		
用电设备及功率					
作业人			电工证编号		
序号	安全措施				确认人
1	安装临时线路人员持有电工作业操作证				
2	在防爆场所使用的临时电源、元器件和线路达到相应的防爆等级要求				
3	临时用电的单项和混用线路采用五线制				
4	临时用电线路在装置内不低于 2.5m,道路不低于 5m				
5	临时用电线路架空进线未采用裸线,未在树或脚手架上架设				
6	暗管埋设及地下电缆线路设有"走向标志"和"安全标志",电缆埋深大于 0.7m				
7	现场临时用电配电盘、箱有防雨措施				
8	临时用电设施装有漏电保护器,移动工具、手持工具"一机一闸一保护"				
9	用电设备、线路容量、负荷符合要求				
10	其他安全措施: 编制人:				
实施安全教育人					
作业单位意见	签字:　年　月　日　时　分				
配送电单位意见	签字:　年　月　日　时　分				
审批部门意见	签字:　年　月　日　时　分				
完工验收:　　年　月　日　时　分　　　　签名:					

3. 受限空间作业

有些化工装置比如塔、罐、釜等是需要进入内部维修的,进入这样的空间内作业对人员的健康以及工作的安全等有严重威胁。因此,在受限空间作业之前必须有周密的计划并经过严格的审批。

（1）受限空间作业审批 受限空间是指那些被围起来，人员进出时有一定的困难或受到限制的空间，不能用于人员长时间停留，有可能会产生有害物质或危险条件（如缺氧）而致死或严重伤害的危险场所。例如各类塔、球、釜、槽、罐、炉膛、锅筒、管道、容器以及地下室、井、地坑、下水道等场所都属于受限空间。当检修作业涉及受限空间作业时，应按《生产区域受限空间作业安全规范》（HG 30011—2013）的要求，采取措施，办理审批手续，如办理受限空间安全作业证（表4-5）。

表 4-5 受限空间安全作业证

申请单位			申请人				作业证编号		
受限空间所属单位					受限空间名称				
作业内容					受限空间内原有介质名称				
作业时间	自 年 月 日 时 分 至 年 月 日 时 分								
作业单位负责人									
监护人									
作业人									
涉及的其他特殊作业									
危害辨识									
分析	分析项目	有毒有害介质		可燃气	氧含量	时间	部位		分析人
	分析标准								
	分析数据								
序号	安全措施								确认人
1	对进入受限空间危险性进行分析,使用的照明电压≤36V,潮湿容器及狭小容器内作业电压应≤12V 和使用防爆灯具								
2	所有与受限空间有联系的阀门、管线加盲板隔离,列出盲板清单,落实抽堵盲板责任人								
3	设备经过置换、吹扫、蒸煮								
4	设备打开通风孔进行自然通风,温度适宜人员作业;必要时采用强制通风或佩戴空气呼吸器,不能用通氧气或富氧空气的方法补充氧								
5	相关设备进行处理,带搅拌机的设备已切断电源,电源开关处加锁或挂"禁止合闸"标志牌,设专人监护								
6	检查受限空间内部已具备作业条件,清罐时应采用防爆工具								
7	检查受限空间进出口通道,无阻碍人员进出的障碍物								

续表

序号	安全措施	确认人
8	分析盛装过可燃有毒液体、气体的受限空间内的可燃、有毒有害气体含量	
9	作业人员清楚受限空间内存在的其他危险因素,如内部附件和集渣坑等	
10	作业监护措施:消防器材( )台、救生绳( )根、气防装备( )套	
11	其他安全措施: 编制人:	
实施安全教育人		
申请单位意见	签字: 年 月 日 时 分	
审批部门意见	签字: 年 月 日 时 分	
完工验收:	年 月 日 时 分 签名:	

（2）受限空间作业潜在风险 进入受限空间内进行作业，由于其作业条件复杂、有毒有害物质清理和置换困难等特点，在作业过程中极易发生人身伤害事故，作业风险很大。容易发生的事故类型有以下7类。

① 物体打击 许多受限空间入口处往往设有作业平台，作业人员在作业过程中，由于其安全意识不强，监护人监护不到位，在传递工具或打开窨井盖、釜盖等过程中发生物体打击伤害。

② 中毒或窒息 大多受限空间需要定期进入进行维护、清理和定检。与这些设备连接的有许多管道、阀门，倘若安全措施不落实，未打盲板，阀门内漏，置换、通风不彻底，氧浓度不合格，往往给有毒有害物质和窒息性气体以可乘之机，滞留在受限空间内致使作业人员中毒或窒息。也有一些窨井、地窖等在发酵菌的长期作用下，有毒气体产生、聚集，致使作业人员中毒。

③ 高空坠落、机械伤害 受限空间内作业条件比较复杂，如凉水塔、聚合釜内设有喷头、支架、搅拌器以及一些其他电气传动设备，在作业过程中由于作业人员的误操作、安全附件不齐全以及风力、高温等环境因素的影响，极易造成高空坠落、机械伤害等事故。

④ 触电 作业人员进入受限空间作业，往往需要进行焊接补漏等工作，在使用电气工器具作业过程中，由于空间内空气湿度大电源线漏电、未使用漏电保护器或漏电保护器选型不当以及焊把线绝缘损坏等，造成作业人员触电伤害。

⑤ 爆炸　由于通风不良，受限空间内有害物质挥发的可燃气体在空间内不断聚集，当其达到爆炸极限后，遇明火即会发生爆炸，造成人员、设施的损害。

⑥ 坍塌　受限空间作业使用脚手架、作业平台或作业空间临时支护时下部支撑沉降、支撑倾覆、受力过载平台脚手架发生整体垮塌，造成人员设备被掩埋、砸伤设备损坏，人员受伤后救护不力造成事故扩大。

⑦ 高温低温伤害　受限空间作业所涉及区域存在高温或低温，作业人员未采取相应的个体保护措施，或防护措施不力造成人员伤害；进入受限空间作业，通常是由两人或两人以上同时进行作业，当事故发生后，由于人的心理原因以及其他因素，同作业人员或监护人，不佩戴任何防护用具，急于将受害者救出，从而造成事故的进一步扩大。

（3）作业人员的职责

① 负责在保障安全的前提下进入受限空间实施作业任务。作业前应了解作业的内容、地点、时间、要求，熟知作业中的危害因素和应采取的安全措施。

② 确认安全防护措施落实情况。

③ 遵守受限空间作业安全操作规程，正确使用受限空间作业安全设施与个体防护用品。

④ 应与监护人员进行必要的、有效的安全、报警、撤离等双向信息交流。

⑤ 服从作业监护人的指挥，如发现作业监护人员不履行职责时，应停止作业并撤出受限空间。

⑥ 在作业中如出现异常情况或感到不适或呼吸困难时，应立即向作业监护人发出信号，迅速撤离现场。

（4）监护人员的职责

① 对受限空间作业人员的安全负有监督和保护的职责。一般配备2人以上监护人员（最好是身体健壮的男性员工），担任监督和保护职责，并在作业证上签名确认。

② 了解可能面临的危害，对作业人员出现的异常行为能够及时警觉并做出判断。与作业人员保持联系和交流，观察作业人员的状况。

③ 当发现异常时，立即向作业人员发出撤离警报，并帮助作业人员从受限空间逃生，同时立即呼叫紧急救援。

④ 掌握应急救援的基本知识。

（5）受限空间作业安全要求

① 进入容器、设备内部作业要按设备深度搭设安全梯，配备救护绳索，以保证应急时使用。

② 进入容器、设备内部作业应视具体作业条件，采取通风措施，对通风不良

以及容积极小的容器设备，作业人员应采取间歇作业，不得强行连续作业。

③ 进入容器、设备内部作业必须设专人监护，重点危险作业如进入气柜等除指定专人监护外，安全环保科应派人到现场监察。

④ 进入容器、设备前应拆离与其相连管道，并加上盲板，切断电气，并在管道阀门上和电气开关上挂上"禁止开启"标识，以防他人误开。

⑤ 必须把所有人孔、手孔和一切可通气的孔盖打开，并将拆下的人孔盖等配件放置妥当，以防坠落伤人。

⑥ 在进入确实无法彻底清洗的有毒容器设备中，检修人员应穿戴相应的劳动保护用品，戴好防毒面具，将呼吸管拖出釜外进行换气，监护人不得离开。

⑦ 进入容器、设备内部检修人员，禁止穿化纤衣服和铁钉鞋进入。

⑧ 在容器、设备内进行气焊、气割，动焊人在进入容器、设备前，要进行试气割，确认安全正常后才能进入容器、设备作业。动焊作业完成后，动焊人离开时，不得将乙炔箱放在罐内，以防止乙炔泄漏。

⑨ 进入容器、设备内部作业，申请许可证的时间一次不得超过一天。作业因故中断，或安全条件改变时，应重新办理《受限空间安全作业证》。

⑩ 作业竣工时，检修人员和监护人员共同检查罐内外，在确认无误后，在作业证上的验收栏处签字后，检修人员方可封闭各入孔。

(6) 典型案例　1999 年，某化工助剂厂硝酸铅项目，在转化车间新建了一座直径 2.4m、深 2.6m 的水泥池。4 名工人在池上方安装搅拌机的减速器时，一名工人不慎跌落池底，马上昏迷发抖，两名工人下池救人也昏倒并发抖，又有两名工人以为池中三人是触电，断电后下池救人也昏倒，经抢救最后死亡 3 人。事故原因是硝酸铅生产中产生的大量二氧化碳沉积在池底，导致人员窒息死亡。

4. 高处作业

化工装置的维修作业经常会使用各种设备在一定的高度下进行，这样的作业情形就伴随着一定的风险。比如作业人员从高处坠落受伤或高处掉落的工具、零件将底部人员砸伤等。因此，在高处作业时要注意防范危险的发生。

(1) 高处作业审批　凡在坠落高度基准面 2m 以上（含 2m）有可能坠落的高处进行的作业，都称为高处作业。

根据化工企业的特点，对于虽在 2m 以下，但在作业地段坡度大于 45°的斜坡下面或附近有可致伤害因素，亦视为高处作业。

在化工企业里虽在 2m 以下，但属下列情况时，视为化工工况高处作业。

① 凡是框架结构化工生产装置，虽有护栏，但工作人员进行非经常性作业时，有可能发生意外的，视为高处作业。

② 在无平台、无护栏的塔、釜、炉、罐等化工设备以及架空管道、汽车、铁路槽车、槽船、特种集装箱上进行作业时，视为高处作业。

③ 在高大塔、釜、炉、罐等化工设备容器内进行登高作业，视为高处作业。

④ 作业地点下部或附近（可致伤范围内）有洞、升降（吊装）口、坑、井、排液沟、排放管、液体储池、熔融物，或有转动的机械，或在易燃、易爆、易中毒区域等部位登高作业，视为化工危险部位高处作业。

以上高处作业，作业前必须办理《高处作业许可证》（表4-6）。《高处作业许可证》应严格履行审批手续。审批人员应赴现场认真检查，落实安全措施后，方可批准。高处作业前，作业人员应查验《高处作业许可证》，经确认安全措施可靠后，方可施工，否则有权拒绝或停止作业。

表 4-6　高处作业许可证

编号		施工单位	
所属单位		施工地点	
作业内容		作业高度	
作业人			
作业时间			
序号	主要安全措施		确认人
1	作业人员身体条件符合要求		
2	作业人员着装符合要求		
3	作业人员佩戴安全带		
4	作业人员携带有工具袋		
5	作业人员佩戴　A,过滤式呼吸器;B,空气式呼吸器		
6	现场搭设的脚手架、防护围栏符合安全规程		
7	垂直分层作业中间有隔离设施		
8	梯子或绳梯符合安全规程规定		
9	在石棉瓦等不承重物上作业应搭设并站在固定承重板上		
10	高处作业有充足照明,安装临时灯、防爆灯		
11	30m 以上进行高处作业配备通信、联络工具		
12	室外作业时,风力大于 5 级时停止作业		
补充措施:			
危险、有害因素识别:			
施工作业负责人意见 　年　　月　　日	作业所在单位负责人意见 　　年　　月　　日		安全部门负责人意见 　　年　　月　　日
完全验收:　　　　　　　年　　月　　日　　时　　分　　　　　　签名:			

（2）高处作业类型和分级　高处作业主要包括临边、洞口、攀登、悬空、交叉等五种基本类型，这些类型的高处作业是高处作业伤亡事故可能发生的主要场所。

高处作业按高度不同分 2m 至 5m、5m 以上至 15m、15m 以上至 30m、30m 以上 4 个区段。

不存在直接引起坠落的客观因素比如强风、冰雪天气、接近带电体等的高处作业按表 4-7 中的 A 类分级，存在一种或一种以上的，按 B 类分级。

表 4-7　高处作业分级分类法

分类法	2m≤h<5m	5m≤h<15m	15m≤h<30m	h≥30m
A	Ⅰ	Ⅱ	Ⅲ	Ⅳ
B	Ⅱ	Ⅲ	Ⅳ	Ⅳ

（3）高处作业安全要求

① 高处作业前，应对参与人员进行安全技术教育，落实所有安全技术措施和个人防护用品，检查安全标志、工具、仪表、电气设施和各种设备等，未经落实时不得进行作业。

② 从事高处作业的人员必须定期进行身体检查，诊断患有心脏病、贫血、高血压、癫痫病、恐高症、深度近视及其他不适宜高处作业的疾病时，不得从事高处作业；悬空、攀登高处作业以及搭设高处安全设施的人员必须按照国家有关规定经过专门的安全作业培训，并取得特种作业操作资格证书后，方可上岗作业。

③ 高处作业人员应头戴安全帽，身穿紧口工作服，脚穿防滑鞋，腰系安全带。

④ 高处作业场所有坠落可能的物体，应一律先行撤除或予以固定。所用物件均应堆放平稳，不妨碍通行和装卸。工具应随手放入工具袋，拆卸下的物件及余料和废料均应及时清理运走，清理时应采用传递或系绳提溜方式，禁止抛掷。

⑤ 当天气恶劣如六级以上强风、浓雾和大雨时，不得进行露天悬空与攀登高处作业。台风暴雨后，应对高处作业安全设施逐一检查，发现有松动、变形、损坏或脱落、漏雨、漏电等现象，应立即修理完善或重新设置。

⑥ 作业现场的安全防护设施和安全标志等，不得损坏或擅自移动和拆除。因作业必须临时拆除或变动安全防护措施、安全标志时，必须经有关施工负责人同意，并采取相应的可靠措施，作业完毕后立即恢复。

⑦ 高处作业附近有架空电线时，应根据电压等级与电线保持规定安全距离（≤110kV 为 2m；220kV 为 3m；330kV 为 4m），并防止导体材料碰触电线。

⑧ 高处作业时，一般不应垂直交叉作业。凡因工序原因必须上下同时作业时，需采取可靠的隔离措施。

⑨ 在易散发有毒气体的厂房、设备上方作业时，要设专人监护。如发现有毒气体排放时，应立即停止作业。

（4）安全防护装备　高处作业有三种安全防护用品：安全帽、安全带、安全网。许多事故案例都说明，只要正确佩戴了安全帽、安全带或按规定搭设了安全网，就可以有效地防止伤亡事故的发生。由于这三种安全防护用品使用最广泛，作用又明显，人们常称之为"三宝"。

佩戴安全帽前要先检查外壳是否破损、有无合格帽衬、帽带是否齐全，若有一项不合格，立即更换。安全带，是高处作业人员预防坠落伤亡的防护用品，选用经有关部门检验合格的安全带，并保证在使用有效期内；正确使用安全带，高挂低用；2m 以上的高空作业，必须使用安全带。安全网，是用来防止人、物坠落或用来避免、减轻坠落及物击伤害的网具，使用时安全网与架体连接不宜绷得过紧，系结点要沿边分布均匀、绑牢，立网不得作为平网使用。

（5）高处作业"十防"　一防梯架有晃动，二防平台无遮拦，三防身后有孔洞，四防脚踩活动板，五防撞击到仪表，六防毒气往外散，七防高处有电线，八防墙倒木板栏，九防上方落物件，十防绳断仰天翻。

第五章

化工污染环保技术

化工生产的特点之一是产生的废气、废液和固体废弃物较多，如果不经处理而排放，多数能造成环境污染。对于化工企业来说，减少"三废"排放数量，治理污染，有利于创造良好的工作环境，有利于员工身体健康，更是企业义不容辞的社会责任。

第一节　大气污染与化工尾气处理

一、大气污染防治法

许多化工生产过程都要产生尾气，而排放尾气常常是大气污染的重要原因。不同化工过程的尾气的成分大不相同，有的尾气含易燃易爆成分，有的含有毒成分，有的含腐蚀性成分。化工企业不得随意排放任何废气，必须符合《大气污染防治法》的要求。

《大气污染防治法》由中华人民共和国第九届全国人民代表大会常务委员会第十五次会议于 2000 年 4 月 29 日修订通过，2018 年 10 月 26 日第二次修正。该法对大气污染防治的监督管理体制，主要的法律制度，防治燃煤产生的大气污染，防治机动车船排放污染，防治废气、尘和恶臭污染的主要措施、法律责任等均做了较为明确、具体的规定。

《大气污染防治法》规定：建立大气污染监测制度；组织监测网络，制定统一的监测方法；大、中城市环境保护行政主管部门，应当定期发布大气环境质量状况公报，并逐步开展大气环境质量预报工作；大气环境质量状况公报应当包括城市大气环境污染特征、主要污染物的种类及污染危害程度等内容。

大气污染物排放总量控制、许可制度和污染物排放超标处罚制度，是防治大气污染的重要制度，也是 2000 年修订《大气污染防治法》时新确立的法律规范。提出建立这几项制度的意图在于，当前在中国许多人口和工业集中的地区，由于大气质量已经很差，即使污染源实现浓度达标排放，也不能遏制大气质量的继续恶化，因此，推行大气污染物排放总量控制势在必行。污染物总量控制制度即将总量控制指标逐级分解到地方各级人民政府并落实到排污单位。目前，我国主要对化学需氧量（COD）、氨氮、二氧化硫和氮氧化物四种污染物施行总量控制制度，国家定期公布各省、直辖市及自治区的控制情况。《大气污染防治法》规定：国家采取措施有计划地控制或者逐步削减各地方主要大气污染物的排放总量；地方各级人民政府对本辖区的大气环境质量负责；应制定规划，采取措施，使本辖区的大气环境质量达到规定的标准；大气污染物总量控制区内有关地方人民政府，负责核定企业事业单位的主要大气污染物排放总量，核发主要大气污染物排放许可证；对于有大气污染物总量控制任务的企业事业单位，必须按照核定的主要大气污染物排放总量和许可证规定的条件排放污染物，禁止无证或超总量排污。污染物排放超标处罚制度指向大气排放污染物的浓度不得超过国家和地方规定的排放标准，超标排放的，应限期治理并处以罚款。

特别区域保护、大气污染防治重点城市、酸雨控制区或者二氧化硫污染控制区划定是《大气污染防治法》的特点。《大气污染防治法》规定：国务院和省、自治区、直辖市人民政府，对尚未达到规定的大气环境质量标准的区域和国务院批准划定的酸雨控制区、一氧化硫污染控制区，可以划定为主要大气污染物排放总量控制区，严格执行大气污染物排放总量等控制制度。

《大气污染防治法》还规定了强制淘汰制度，即要结合经济结构调整，根据国家产业政策，及时制订和调整强制淘汰污染严重的企业和落后的生产能力、工艺、设备与产品目录。同时禁止引进不符合我国环境保护规定要求的技术和设备，禁止将产生严重污染的生产设备转移给没有污染防治能力的单位使用。

二、大气污染物排放标准

按照综合性排放标准与行业性排放标准不交叉执行的原则，我国现行的国家大气污染物排放标准体系中，锅炉、工业炉窑、炼焦炉、火电厂、水泥厂、汽车、摩托车和恶臭污染物都有各自的行业性大气污染物排放标准。此外均须执行《大气污染物综合排放标准》。

《大气污染物综合排放标准》（GB 16297—1996）规定了 33 类大气污染物的排

放限值，包括二氧化硫、氮氧化物、颗粒物、氯化氢、铬酸雾、硫酸雾、氟化氢、氯气、铅汞镉铍镍锡及其化合物、苯、甲苯、二甲苯、酚类、甲醛等。其指标体系包括最高允许排放浓度、最高允许排放速率和无组织排放监控浓度限值三项指标。最高允许排放浓度是指排气筒（如烟囱）中污染物任何 1h 浓度平均值不得超过的限值；最高允许排放速率是指一定高度的排气筒任何 1h 排放污染物的质量不得超过的限值，通过排气筒排放的污染物必须同时达到这两项指标。无组织排放是指大气污染物不经过排气筒的无规则排放，必须符合第三项指标。无组织排放监控浓度限值是指监控点的污染物浓度在任何 1h 的平均值不得超过的限值。与环境空气质量功能区的三个类别相对应，最高允许排放速率标准也分为三级，即位于几类功能区的污染源执行几级标准，根据排气筒高度不同，每级标准又分几挡。此外，对于 1997 年 1 月 1 日以前和以后设立的污染源，执行不同的标准。

现以氮氧化物为例加以说明。查 GB 16297—1996 表 1 可知，氮氧化物最高允许排放浓度：在硝酸、氮肥和火炸药生产场所为 $1700mg/m^3$；硝酸使用和其他场所为 $420mg/m^3$。排气筒高度从 15m 到 100m 分十挡，氮氧化物最高允许排放速率共三级；每级标准又分十挡；其中一级一挡（排气筒高度 15m）最高允许排放速率为 0.47kg/h；三级八挡（排气筒高度 80m）为 56kg/h。无组织排放源上风向设参照点，下风向设监控点，规定监控点与参照点浓度差值须在限值 $0.15mg/m^3$ 之内。

三、主要大气污染物

（一）二氧化硫与酸雨

酸雨是指 pH 低于 5.65 的大气降水，包括雨、雪、雾、露、霜。酸雨危害是多方面的，包括对人体健康、生态系统和建筑设施都有直接和潜在的危害。酸雨可使儿童免疫功能下降，慢性咽炎、支气管哮喘发病率增加，同时可使老人眼部、呼吸道患病率增加。酸雨还可使农作物大幅度减产，特别是小麦，在酸雨影响下，可减产 13%～34%。大豆、蔬菜也容易受酸雨危害，导致蛋白质含量和产量下降。酸雨对森林和其他植物危害也较大，常使森林和其他植物叶子枯黄、病虫害加重，最终造成大面积死亡。

目前，全球已形成三大酸雨区。覆盖我国四川、贵州、广东、广西、湖南、湖北、江西、浙江、江苏和山东等地区，面积达 200 多万平方公里的酸雨区是世界三大酸雨区之一。我国酸雨区面积扩大之快、降水酸化率之高，在世界上是罕见的。燃烧化石燃料如煤炭、石油、天然气等，产生的二氧化硫和氮氧化物是造成酸雨的主要原因。二氧化硫是导致我国酸雨的主要原因，所以我国目前以降低二氧化硫排放总量为重点，推进大气污染防治，近年来我国大气中 SO_2 浓度及硫沉降均有所下降。除了燃煤锅炉烟道气使用脱硫设施之外，还应加快原煤洗选步伐，降低商品煤含硫量。严格控制高耗能企业，大力发展风能、太阳能、地热、生物质能等新能源，有序开发水能，提高清洁能源比重，都能减少二氧化硫、氮氧化物以及二氧化碳等大气污染物的排放。

（二）氮氧化物

一氧化氮和二氧化氮等氮氧化物是造成大气污染的主要物质，是北欧酸雨区和北美酸雨区的主要成因，也是形成光化学烟雾的主要原因，此外它还破坏平流层（同温层）中的臭氧层。大气中氮氧化物含量是评价人类生存环境质量优劣的重要指标之一。欧美国家主要大气污染源是汽车废气，其防治措施集中于减少汽车排放的氮氧化物和一氧化碳，因而规定了更为严格的汽车尾气排放标准。几乎所有的燃烧过程都产生氮氧化物。因此，在抓燃煤锅炉烟道气脱硫工作的同时，也要抓好氮氧化物的去除（也称脱硝）。对于生产或使用硝酸的化工企业，氮氧化物不仅污染环境，也是影响职工身体健康的有害因素，排放二氧化氮尾气的"黄龙"现象绝不允许存在。

（三）臭氧层空洞

臭氧层是大气平流层中臭氧浓度最大处，是地球的一个保护层，太阳紫外线辐射大部分被其吸收。臭氧层空洞是大气平流层臭氧浓度大量减少的空域。臭氧层空洞使得太阳对地球表面的紫外辐射量增加，对生态环境产生破坏作用，影响人类和其他生物有机体的正常生存。关于臭氧层空洞的形成原因，在世界上占主导地位的看法是，人类大量使用的氯氟烷烃化学物质（如制冷剂、发泡剂、清洗剂等）在大气对流层中不易分解，当其进入平流层后受到强烈紫外线照射，分解产生氯游离基，游离基同臭氧发生化学反应，使臭氧浓度减少，从而造成臭氧层的严重破坏。为此，1987 年在世界范围内签订了限量生产和使用氯氟烷烃等物质的《关于消耗臭氧层物质的蒙特利尔议定书》。经过多年不懈努力，目前臭氧层有所好转。由此可见，使用污染物的替代物是从根本上解决污染问题的重要措施。

（四）碳排放与温室效应

温室效应主要是现代工业社会过多燃烧煤炭、石油和天然气，放出大量二氧化碳气体进入大气造成的。空气中的氮和氧都可以透过可见光与红外辐射，但是二氧化碳气体不能透过红外辐射，具有吸热和隔热的功能。它在大气中增多的结果是形成一种无形的罩，使太阳辐射到地球上的热量向外层空间发散量减少，造成地球表面变热。因此，二氧化碳也被称为温室气体。氯氟烷烃、甲烷、一氧化氮等也属于温室气体。

温室效应不仅使全球变暖，冰川融化，海平面上升，而且导致气候反常，海洋风暴增多。当海水入侵后，部分沿海平原将发生盐渍化或沼泽化。同时，江河中下游地带江水水位抬高，泥沙淤积加速，洪水威胁加剧，使江河下游的环境急剧恶化。温室效应和全球气候变暖已经引起了世界各国的普遍关注，目前正在推进制订国际气候变化公约。减少二氧化碳的排放已经成为大势所趋。地球森林植被减少，水域面积减小，吸收和溶解二氧化碳的能力减弱也是大气二氧化碳增多的原因。

（五）细颗粒物与雾霾

细颗粒物即 PM2.5，是指大气中直径小于或等于 $2.5\mu m$ 的颗粒物，也称为可入肺颗粒物。2012 年 2 月，国务院发布的《环境空气质量标准》中增加了细颗粒物监测指标。虽然 PM2.5 只是地球大气成分中含量很少的组分，但它对空气质量和能见度等有重要的影响。PM2.5 是雾霾天气的"罪魁祸首"。由灰尘、硫酸、硝酸、有机碳氢化合物等粒子组成的气溶胶系统造成的视程障碍称为灰霾。霾粒子的尺度比较小，尺度范围为 $0.001\sim10\mu m$，平均直径为 $1\sim2\mu m$，是肉眼看不到的飘浮颗粒物。而雾是由大量悬浮在近地面空气中的微小水滴或冰晶组成的气溶胶系统。雾滴的尺度比较大，从几微米到 $100\mu m$，平均直径为 $10\sim20\mu m$，肉眼可以看到空中飘浮的雾滴。一般来说，相对湿度小于 80% 时的大气能见度恶化是霾造成的，相对湿度大于 90% 时的大气能见度恶化是雾造成的。与较粗的大气颗粒物相比，PM2.5 粒径小，富含大量的有毒、有害物质且在大气中的停留时间长、输送距离远，因而对人体健康和大气环境质量的影响更大。很多专家认为，PM2.5 进入人体肺部是导致肺癌的重要原因。

PM2.5 主要有自然源和人为源两种，危害较大的是后者。自然源包括土壤扬尘、植物花粉、海盐、孢子、细菌等，自然界中的灾害事件（如火山爆发、森林大火或尘暴事件）都会将大量细颗粒物输送到大气层中。人为源包括固定源和流动源。固定源主要有各种燃料燃烧源，如各种工业过程、供热、烹调过程中燃煤与燃气或燃油排放的烟尘。流动源主要是各类交通工具向大气中排放的尾气。除自然源和人为源之外，大气中的气态前体污染物会通过大气化学反应生成二次颗粒物。

四、化工尾气处理技术简介

化工尾气是含不同组分的混合废气。对废气处理方法的要求是，废气中有害成分的去除率高、去除速率快，特别要注意有害成分的有效利用，化害为利。气体净化技术实质是混合气体分离技术，也可用于工艺气体中某些组分的去除。一般应根据污染物的性质选择适当的处理方法。例如，对可燃性的，采用燃烧净化方法；对于酸性或碱性气体，用中和方法；对有氧化性或还原性的，采用氧化还原反应。总之，要将其转化为无污染性的物质。以下介绍几种常用的净化技术。

（一）燃烧净化方法

有害气体同时也是可燃性或可分解气体时，采用燃烧方法去除，同时将反应中的热量回收利用，是比较妥当的净化方法。燃烧净化法广泛用于含碳氢化合物或有机溶剂蒸气的尾气净化处理，这些物质的燃烧必须是完全的，即最终产物应该是二氧化碳和水。燃烧净化有三种方式：直接燃烧、热力燃烧和催化燃烧。

1. 直接燃烧

最典型的是石油化工、冶金、电力、制药、食品加工、垃圾处理等行业的尾气燃烧火炬系统。石油化工行业火炬气（干气）主要来源于：正常运行中工艺参数调整；设备切换时的排放；安全阀、压力控制阀的泄漏；开停车和故障处理时的排放等。不同化工生产过程的火炬气的成分不尽相同，但主要是碳氢化合物。大型石油化工企业每年在火炬中烧掉的烃类气体的数量可达几千万立方米。由于组成和数量不稳定，火炬气难以用作化工原料，如果直接排空，排放的毒气会对周围环境带来危害。通过火炬烧掉废气，是世界各国通行的做法。随着能源的日趋紧张及保护生态环境意识的提高，回收火炬气已经引起世界各国的注意，并对回收工艺技术进行开发和研究，取得了很好的经济效益和社会效益。目前，国内外关于火炬气回收方法可分为两大类：一类是用作化工原料，另一类是用作燃料，大多采用后一种即直接燃烧法。通常要建干气回收气柜设施、干气加压系统、干气脱硫系统、智能火炬系统等。为保障设备安全稳定运行，必须采取多种安全生产措施，设计多条联锁保护：火焰检测保护（紫外线检测、离子检测）、火炬气压力变化保护、可燃气泄漏报警、仪表风压力低保护、冷却风失效保护，并且每条可燃气管道都加装机械式阻火器，在燃烧系统不能正常工作时火炬气自动切断供应。回收火炬气之后，尾气燃烧火炬系统仍然要在开停车和故障处理时使用。为保证火炬能在各种恶劣气象条件（如暴风暴雨）下可靠地连续长周期运行，火炬应具有自动点火、烟气温度控制、熄火保护、断电安全保护和回火安全保护等功能。

2. 热力燃烧

热力燃烧一般用于处理废气中含可燃组分浓度较低的情况。它和直接燃烧的区别在于：直接燃烧的废气由于本身含有较高浓度的可燃组分可以直接在空气中燃烧；热力燃烧废气中可燃组分的浓度较低，燃烧过程中所放出的热量少于燃烧过程所需的热量，因此需要燃烧辅助燃料以提高废气的温度。在热力燃烧中，多数物质的反应温度为 760～820℃。热力燃烧中辅助燃料的消耗量就是把全部废气升温至反应温度所需的辅助燃料量。

热力燃烧过程包括三个步骤：①辅助燃料燃烧以提供热量；②废气与高温燃气混合达到反应温度；③保持废气在反应温度下有足够的停留时间，使其中的可燃气态污染物氧化。如果废气中的氧含量低于 16%，废气只是被焚烧的对象，而不能作为助燃气体。如果废气含有足够的氧，应该用一部分废气助燃辅助燃料，以降低辅助燃料的消耗，其余部分废气则称为旁通废气。旁通废气与高温燃气湍流混合，以达到反应温度。为了使废气完全燃烧，废气在此高温下要有一定的驻留时间。如果把全部废气与所需辅助燃料混合，辅助燃料的燃烧热得不到充分利用。所以，务必分流出旁通废气，使之与高温燃气混合。在供氧充分的情况下，反应温度、停留时间和湍流混合三个要素为热力燃烧完全的必要条件。能否充分回收余热，往往决定该法的实用价值。

3. 催化燃烧

汽车尾气净化就是利用催化燃烧原理。催化燃烧是用催化剂使废气中可燃组分在较低温度下氧化分解的方法，称为催化氧化更确切。只有铂、钯等少数几种贵金属催化剂可用于催化燃烧。催化燃烧不仅依赖于操作条件，而且依赖于催化剂的活性。为提高活性和节约贵金属，通常由催化剂厂家采用 γ-Al_2O_3 为载体，以高度分散的过渡金属铂、钯为主要活性成分专门制作。催化燃烧适用于含有可燃气体、蒸气的废气的净化，而不适于含有大量尘粒雾滴的废气的净化，此时催化剂可能中毒失效，催化燃烧也不适用于含有催化活性较差的可燃组分的废气的净化。

工业上催化燃烧要先将废气预热。在催化燃烧炉内，并不是所有的氧化反应都发生在催化剂床层，有相当一部分是发生在混合预热阶段。这两部分氧化所占的比例与废气预热温度、废气中可燃组分的物性、废气流速、催化剂活性、混合预热室的设计有关。

（二）氧化还原反应净化方法——以锅炉烟道气脱硝为例

混合气体中某些有害成分可以通过氧化还原方法变为无害成分。锅炉烟道气脱硝即去除锅炉烟道气中的氮氧化物，主要是 NO 和 NO_2。目前国际上应用最为广泛的烟气脱硝技术为选择性催化还原法脱硝技术，即 SCR（selective catalytic reduction）。该技术没有副产物，不形成二次污染，装置结构简单，并且脱除效率高（可达 90％以上）。SCR 技术原理为：在催化剂作用下，向温度为 280～420℃ 的烟气中喷入氨，将 NO 还原成 N_2 和 H_2O。氨选择性还原 NO 和 NO_2 的主要反应式如下：

$$4NH_3 + 4NO + O_2 \longrightarrow 4N_2 + 6H_2O$$
$$8NH_3 + 6NO_2 \longrightarrow 7N_2 + 12H_2O$$
$$2NH_3 + NO + NO_2 \longrightarrow 2N_2 + 3H_2O$$

由以上反应式看见，与催化燃烧不同，被脱除的 NO_x 是氧化剂而不是燃烧对象。SCR 脱硝技术的关键是催化剂，催化剂的催化性能直接影响到 SCR 系统的整体脱硝效率。目前常用钒基催化剂，如 V_2O_5-WO_3/TiO_2 和 V_2O_5-MoO_3/TiO_2。

（三）中和反应净化方法——以锅炉烟道气脱硫为例

锅炉烟道气中的含硫化合物主要是 SO_2 和 SO_3，其净化常用中和方法。常用的碱性脱硫剂有 $CaCO_3$（钙法）、MgO（镁法）、Na_2CO_3（钠法）、NH_3（氨法）和有机碱（有机碱法）。所用的碱性物质与烟道气中的 SO_2 和 SO_3 发生中和反应，生成亚硫酸盐和硫酸盐的混合物。中和反应或在碱溶液中发生（称湿法烟道气脱硫技术），或在固体碱性物质的湿润表面发生（称干法或半干法烟道气脱硫技术）。在湿法烟气脱硫系统中，碱性物质（通常是碱溶液，更多情况是碱的浆液）与烟道气在喷雾塔中相遇。烟道气中 SO_2 和 SO_3 溶解在水中，形成稀酸溶液，然后与溶解在水中的碱性物质发生中和反应。反应生成的亚硫酸盐和硫酸盐从水溶液中析出，析出情况取决于溶液中存在的不同盐的相对溶解性。例如，硫酸钙的溶解性相对较差，因而易于析出。湿法脱硫有反应速度快、脱硫效率高的优点；干法脱硫无污水废酸排出，脱硫后产物易于处理；在湿状态下脱硫、在干状态下处理脱硫产物的半干法，兼具湿法与干法之长而避其短。

世界各国大型火电厂中，90％以上采用湿式石灰/石灰石-石膏法烟气脱硫工艺流程。石灰石/石灰-石膏湿法烟气脱硫工艺采用价廉易得的石灰石作为脱硫剂，石灰石经过破碎磨细成粉状，与水混合搅拌制成吸收浆液。当采用石灰为吸收剂时，石灰粉经过消化处理后加水搅拌制成吸收浆液。在吸收塔内吸收浆液与烟气接触混合，烟气中的二氧化硫与浆液中的氢氧化钙以及鼓入的空气发生化学反应；最终的反应产物为石膏。同时能够去除烟气中的其他杂质。脱硫后的烟气经过除雾器去除带出的细小液滴，经过热交换器加热升温后排入烟囱。脱硫石膏经过脱水装置脱水后回收。该方法对高硫煤的脱硫率可在90%以上，对低硫煤的脱硫率可在95%以上。

（四）吸收净化方法

吸收是一种化工单元操作。其原理是在吸收设备中使某种液体吸收剂与含有害气体的混合气体充分接触，其他成分不溶解，而有害气体溶解于吸收剂中，从而与混合气体中的其他成分分离。吸收包括物理吸收与化学吸收。物理吸收是指有害气体仅溶解于吸收剂中，如用水吸收氨。化学吸收是指有害气体溶解于吸收剂并与吸收剂中的某种组分发生化学反应生成新物质。对于酸性有害气体可以用碱液吸收，如用碱液吸收 H_2S、NO_2、SO_3、SO_2 等；对于碱性有害气体可以用酸液吸收，如用稀酸吸收氨。采用吸收净化方法最重要的是吸收剂的选择，要选择对有害气体溶解度大的吸收剂，有害成分的去除率比较高。吸收剂挥发性要小，以减少吸收剂的损失。吸收过程是气液传质过程，吸收工艺条件中最重要的是气液比与吸收温度。气液比是含有害气体的混合气体与吸收剂的物质的量比值，气液比越大，一般吸收速度越快。吸收温度的选择取决于有害气体在吸收剂中的溶解度与温度的关系，对于化学吸收取决于化学反应的最佳温度。吸收常用板式塔或填料塔等气液传质设备。有害气体被吸收剂吸收后的尾气必须达到排放标准后再排放。吸收了有害气体的吸收剂如何处理是吸收净化方法能否使用的关键，如果排放掉可能污染环境，能有效利用是最好的，如用水吸收氨后得到的稀氨水制氮肥。吸收了有害气体的吸收剂也可以再生。例如，合成氨生产中，在稀氨水中添加对苯二酚等催化剂，吸收半水煤气中的 H_2S，吸收了 H_2S 后的氨水通入空气，将硫化物氧化为硫黄，氨水得以再生。

（五）吸附净化方法

吸附也是一种化工单元操作。其原理是在吸附设备中使某种固体吸附剂与含有害气体的混合气体充分接触，有害气体被吸附剂吸附，从而与混合气体中的其他成分相分离。吸附包括物理吸附与化学吸附。例如，防毒面具用活性炭去除毒气就是利用物理吸附净化方法，合成氨厂用氧化锌吸附半水煤气去除其中的 H_2S，生成稳定的硫化锌，是化学吸附。

常用吸附剂有活性炭、分子筛、硅胶等多孔性物质。吸附净化方法最重要的是正确选择吸附剂。吸附剂应有良好的选择性，以实现有害气体与混合气体中的其他成分分离。吸附过程是气固传质过程，吸附剂应有很大的表面积，以保证较大的吸附量。在吸附过程中，吸附剂的吸附能力必然逐渐下降，吸附到一定程度就会达不到要求，如果吸附过程是不可逆的，就要更换吸附剂；如果吸附过程是可逆的，应使吸附剂通过再生过程以恢复吸附能力。工业上常用两个吸附设备并联使用，一个进行吸附剂再生时，启用另一个进行吸附。但是，再生过程中原来被吸附的有害气体又释放出来，还需要处理。

（六）冷凝净化方法

如果混合气体中的有害气体与其他成分沸点相差较大，可以利用冷凝净化方法将其分离。该方法常用于空气中有机物蒸气等高沸点物质的分离，降温后有机物蒸气可部分冷凝成液体，从而与混合气体中的其他成分相分离。这种方法涉及两个过程：混合气体降温及有害气体冷凝过程和气液分离过程。能否采用这种方法，关键在于有害物质的沸点高低。如果沸点太低，需要将混合气体降低至很低的温度，就需要冷冻系统。如果将混合气体温度降低至常温，有害气体即可冷凝，且冷凝物经济价值较大，还可以考虑。但是，由于受蒸气压的限制，有害气体在冷凝器中只能是部分冷凝，所以分离不彻底。冷凝净化方法常作为第一级处理，而将燃烧或吸附净化方法作为第二级处理。

混合气体中有时含多种有害成分，一个企业往往有多种尾气需要处理，此时就可以利用几种净化方法综合处理。无论何种方法，都基于混合气体中的有害气体与其他成分在化学性质或物理性质上的差异。

第二节　水污染与工业废水处理

一、水污染防治法

水体污染是污染物进入水体，使水体的物理、化学性质或生物群落组成发生变化，降低水体使用价值的现象。水体污染的最主要的原因是工业废水的大量排放。环境污染物的来源称为污染源，污染源分为点污染和面源污染。点污染是指污染物质从集中的地点（如工业废水及生活污水的排放口）排入水体。面源污染是指污染物质来源于集水面的地面（或地下），如农田排水常含有农药和化肥的成分，再如雨水冲刷城市、矿山地面污物形成的地面径流等。面源污染的排放是以扩散方式进行的，时断时续，并与气象因素有联系。不同废水所含污染物往往是不同的，有含毒物的废水、酸性废水、碱性废水、含各种重金属离子的废水、含各种有机物的废水等，其治理方法亦不尽相同。

为了防治水污染，保护和改善环境，保障饮用水安全，促进经济社会全面协调可持续发展，第十届全国人民代表大会常务委员会第 32 次会议于 2008 年 2 月 28 日通过修订的《水污染防治法》，自 2008 年 6 月 1 日起施行，于 2017 年 6 月 27 日第二次修正。

《水污染防治法》规定：水污染防治应当坚持预防为主、防治结合、综合治理的原则，优先保护饮用水水源。严格控制工业污染、城镇生活污染，防治农业面源污染，积极推进生态治理工程建设，预防、控制和减少水环境污染和生态破坏。

除了《环境保护法》和环境监测制度等法律制度规定相同之外，《水污染防治法》还规定了污染物总量控制与排放许可制度。同时，国家对严重污染水环境的落后工艺和设备实行淘汰制度，有关企业应在规定的期限内，停止生产、销售、进口、转让或者使用被淘汰的设备或工艺。国家禁止新建不符合国家产业政策的小型造纸、制革、印染、染料、炼焦、炼硫、炼砷、炼汞、炼油、电镀、农药、石棉、水泥、玻璃、钢铁、火电以及其他严重污染水环境的生产项目。对于工业水污染防治，该法规定：国务院有关部门和县级以上地方人民政府应当合理规划工业布局，要求造成水污染的企业进行技术改造，采取综合防治措施，提高水的重复利用率，减少废水和污染物排放量。企业应当采用原材料利用效率高、污染物排放量少的清洁工艺，并加强管理，减少水污染物的产生。城镇污水应当集中处理。企业向城镇污水集中处理设施排放水污染物，应当符合国家或者地方规定的水污染物排放标准，并缴纳污水处理费用。

《水污染防治法》还规定了一系列水污染防治的一般管理措施。例如，禁止向水体排放油类、酸液、碱液或者剧毒废液；禁止在水体内清洗装贮过油类或者有毒污染物的车辆和容器；禁止向水体排放、倾倒放射性固体废物或者含有高放射性和中放射性物质的废水，向水体排放含低放射性物质的废水，应当符合国家有关放射性污染防治的规定和标准。向水体排放含热废水，应当采取措施，保证水体的水温符合水环境质量标准。含病原体的污水应当经过消毒处理，符合国家有关标准后，方可排放。禁止向水体排放、倾倒工业废渣、城镇垃圾和其他废弃物。禁止将含有汞、镉、砷、铬、铅、氰化物、黄磷等可溶性剧毒废渣向水体排放、倾倒或者直接埋入地下。存放可溶性剧毒废渣的场所，应当采取防水、防渗漏、防流失的措施。禁止在江河、湖泊、运河、渠道、水库最高水位线以下的滩地和岸坡堆放、存储固体废弃物和其他污染物。禁止利用渗井、渗坑、裂隙和溶洞排放、倾倒含有毒污染物的废水、含病原体的污水和其他废弃物。禁止利用无防渗漏措施的沟渠、坑塘等输送或者存储含有毒污染物的废水、含病原体的污水和其他废弃物。对于地下水的开采和为防止地下水污染应当采取的防护性措施，做出了原则性的规定。

二、污水综合排放标准

污水综合排放标准适用于现有单位水污染物的排放管理，以及建设项目的环境影响评价、建设项目环境保护设施设计、竣工验收及其投产后的排放管理。按照国家综合排放标准与国家行业排放标准不交叉执行的原则，合成氨工业执行《合成氨工业水污染物排放标准》（GB 13458—2013），烧碱、聚氯乙烯工业执行《烧碱、聚氯乙烯工业污染物排放标准》（GB 15581—2016），磷肥工业执行《磷肥工业水污染物排放标准》（GB 15580—2011），造纸工业、船舶、船舶工业、海洋石油开发工业、纺织染整工业、肉类加工工业、钢铁工业、航天推进剂使用、兵器工业等均执行各自的行业排放标准，其他水污染物排放一律执行《污水综合排放标准》。

（一）最高允许排放浓度及水量

《污水综合排放标准》将排放的污染物按其性质及控制方式分为两类：第一类污染物，不分行业和污水排放方式，也不分受纳水体的功能类别，一律在车间或车间处理设施排放口采样化验并执行同一标准；第二类污染物，在排污单位排放口采样化验，执行标准分三个等级。《污水综合排放标准》用5个表分别规定了第一类污染物和第二类污染物最高允许排放浓度及部分行业最高允许排水量：表1第一类污染物最高允许排放浓度；表2第二类污染物最高允许排放浓度（1997年12月31日之前建设的单位）；表3部分行业最高允许排水量（1997年12月31日之前建设的单位）；表4第二类污染物最高允许排放浓度（1998年1月1日后建设的单位）；表5部分行业最高允许排水量（1998年1月1日后建设的单位）。建设（包括改、扩建）单位的建设时间以环境影响评价报告书（表）批准日期为准划分。

（二）第二类污染物最高允许排放浓度标准分级

根据处理后污水的去向，第二类污染物最高允许排放浓度标准分三个等级，规定如下。

（1）排入 GB 3838—2002 中Ⅲ类水域（划定的保护区和游泳区除外）和排入 GB 3097—1997 中二类海域的污水，执行一级标准。

（2）排入 GB 3838—2002 中Ⅳ、Ⅴ类水域和排入 GB 3097—1997 中三类海域的污水，执行二级标准。

（3）排入设置二级污水处理厂的城镇排水系统的污水，执行三级标准。

（4）排入未设置二级污水处理厂的城镇排水系统的污水，必须根据排水系统出水受纳水域的功能要求，分别执行（1）和（2）的规定。

（5）GB 3838—2002 中Ⅰ、Ⅱ类水域和Ⅲ类水域中划定的保护区，GB 3097—1997 中一类海域禁止新建排污口，现有排污口应按水体功能要求实行污染物总量控制，以保证受纳水体水质符合规定用途的水质标准。

（三）污水重要指标

1. 化学需氧量

化学需氧量（chemical oxygen demand，COD）是指在一定严格的条件下，水中的还原性物质在外加的强氧化剂的作用下被氧化分解时所消耗氧化剂的数量，以氧的浓度（mg/L）表示。COD 的标准测定方法一般是外加重铬酸钾为强氧化剂，有的文献记为 COD_{Cr}。化学需氧量反映了水中受还原性物质污染的程度，这些物质包括有机物、亚硝酸盐、亚铁盐、硫化物等。一般水及废水中无机还原性物质的数量相对不大，而被有机物污染是很普遍的，因此，COD 可作为有机物质相对含量的一项综合性指标。

2. 生化需氧量

生化需氧量或生化耗氧量（biochemical oxygen demand，BOD）是表示水中有机物等需氧污染物质含量的综合指标，它说明水中有机物由于微生物的生化作用进行氧化分解，使之无机化或气体化时所消耗水中溶解氧的总数量，单位用 mg/L 表示，其值越高说明水中有机污染物质越多。微生物的生化作用速度较慢且受温度影响，所以 BOD 的标准测定方法规定：测定温度为 20℃，微生物的生化作用时间为 5 天，水中溶解氧的减少数量即五日生化需氧量，记为 BOD_5。

3. 氨氮

氨氮（NH_3-N）是以游离氨或铵盐的形式存在于水中，两者的组成比例取决于水的 pH 和水温。当 pH 偏高或水温偏低时，游离氨的比例较高，反之，则铵盐的比例高。氨氮污染是导致江河湖泊水体富营养化的主要因素之一（水中的磷是更重要的因素）。水体富营养化。会使某些藻类恶性繁殖，出现"水华"现象，亦称"赤潮"现象。发生"水华"现象的藻类有十几类，水体颜色有深绿、蓝绿、褐绿、褐、黄褐和红色等。发生"水华"现象时，水体含氧量急剧下降，造成鱼类死亡，甚至发黑变臭。其中某些藻类含蛋白质毒素可富集在水产品内，通过食物链使人中毒。水中的游离氨或铵盐可形成亚硝酸盐危害人类的健康。所以氨氮是评价水体污染和"自净"状况的重要指标。我国现行地表水、地下水、污水综合排放标准和渔业水质标准中，均规定了氨氮的浓度限值。我国氨氮废水总量每年超过上亿吨，对自然环境影响较大。氨氮主要来源于人和动物的排泄物、雨水径流以及农用化肥的流失。氨氮还来自化工、冶金、石油化工、油漆颜料、煤气、炼焦、鞣革、化肥等工业废水。根据废水中氨氮浓度的不同，可将废水分为三类：高浓度氨氮废水（NH_3-N$>$500mg/L）、中等浓度氨氮废水（NH_3-N 为 50～500mg/L）和低浓度氨氮废水（NH_3-N$<$50mg/L）。

三、工业废水处理技术简介

废水处理是指采用物理、化学、生物等方法，使废水水质符合规定的排放标准，或者是达到再利用要求，或者是将废水中各污染物分离出来，或者是将其转化成无害物质的工艺过程。有关废水处理技术的专门著作很多，以下仅重点介绍各种处理方法的适用范围。

（一）物理处理法

当废水中有不溶解的呈悬浮状态的固体污染物（包括油膜和油珠）需要分离、回收时，可以采用化工液固分离技术。例如，过滤技术、重力分离法、离心分离法、气浮分离法等。城市污水处理厂污水中的污泥就是通过过滤机械与污水分离的。重金属离子易生成不溶性的盐类沉淀，利用这一特性，除重金属离子的一般方法是：首先用中和沉淀法或硫化物沉淀法等化学处理法，使废水中呈溶解状态的重金属离子转变成不溶的固体金属化合物，然后用上述固液分离方法将不溶金属化合物固体从废水中去除。以热交换原理为基础的处理法也属于物理处理法。

（二）化学处理法

化学处理法是通过化学反应来分离、去除废水中呈溶解、胶体状态的污染物或将其转化为无害物质的废水处理法。根据污染物的化学性质，使其发生化学反应，生成无害的新物质，就可以消除其污染性。在化学处理法中，以投加药剂产生化学反应为基础的处理方法包括混凝、中和、氧化还原法等。废水处理常使用污水处理药剂，最常用的是絮凝剂。将絮凝剂配制成水溶液加入废水中，便会使废水中的悬浮微粒失去稳定性，胶粒物相互凝聚使微粒增大，形成絮凝体。絮凝体长大到一定体积后即在重力作用下脱离水相沉淀，从而去除废水中的大量悬浮物，达到水处理的效果。絮凝剂分为无机絮凝剂和有机絮凝剂。无机型絮凝剂应用最广泛的有三氯化铁、硫酸亚铁、硫酸铝、聚合硫酸铝、聚合硫酸铁、聚合氯化铝等。有机絮凝剂常用的是聚丙烯酰胺。对于酸性或碱性废水，可以通过中和反应使之成为中性，有酸性和碱性废水需要同时处理时，两种废水按一定比例混合即可。氧化还原法有臭氧法和微电解法。微电解技术是处理高浓度有机废水的一种理想工艺，该工艺用于高盐、难降解、高色度废水的处理，不但能大幅度地降低 COD 和色度，还可大大提高废水的可生化性。该技术无须通电，废水通入微电解设备中，因设备中填充有微电解填料，在设备内会形成无数个电位差达 1.2V 的"原电池"。"原电池"以废水作电解质，通过放电形成电流对废水进行电解氧化和还原处理，以达到降解有机污染物的目的。

（三）物理化学处理法

利用传质作用的废水处理方法既有化学作用，又有物理作用，所以称为物理化学法。以传质作用为基础的处理单元操作有萃取、汽提、吹脱、吸附、离子交换以及电渗析和反渗透等。后两种处理单元操作又合称为膜分离技术。例如，将氨氮废水与空气或水蒸气接触，将氨氮从液相转移到气相（吹脱法），再用吸收法处理气相中的氨。该方法适宜用于高浓度氨氮废水的处理。

（四）生物处理法

生物处理法是通过微生物的代谢作用，使废水中呈溶液、胶体以及微细悬浮状态的有机污染物转化为稳定、无害的物质的废水处理法。根据作用微生物的不同，生物处理法又可分为需氧生物处理和厌氧生物处理两种类型，废水生物处理广泛使用的是需氧生物处理法。需氧生物处理法又分为活性污泥法和生物膜法两类。厌氧生物处理法又名生物还原处理法，主要用于处理高浓度有机废水和污泥，使用的处理设备主要为消化池。例如，生物法去除氨氮的原理是，废水中的氨氮在各种微生物的作用下，通过硝化和反硝化等一系列反应，最终形成氮气，从而达到去除氨氮的目的。硝化反应是在好氧条件下（好氧池中）通过好氧硝化菌的作用将废水中的氨氮氧化为亚硝酸盐或硝酸盐，再在缺氧条件下（缺氧池中），利用反硝化菌（脱氮菌）将亚硝酸盐和硝酸盐还原为氮气而从废水中逸出。好氧池与缺氧池等组成一个污泥系统，以便细菌繁殖，所以称活性污泥法。活性污泥法本身就是一种处理单元，它有多种运行方式。将上述污泥系统中的缺氧池和好氧池改为固定生物膜反应器，即形成生物膜脱氮系统，这种废水处理方法称生物膜法。属于生物膜法的处理设备有生物滤池、生物转盘、生物接触氧化池以及生物流化床等。

（五）生物接触氧化法

生物接触氧化法即生物接触氧化工艺，通常是在生物反应池内充填填料，已经充氧的污水浸没全部填料并以一定的流速流经填料。在填料上布满生物膜，污水与生物膜充分接触，在生物膜上微生物的新陈代谢作用下，污水中有机污染物得到去除，污水得到净化。生物接触氧化法是一种介于活性污泥法与生物滤池之间的生物膜法工艺，其特点是在池内设置填料，池底曝气对污水进行充氧，并使池体内污水处于流动状态，以保证污水同浸没在污水中的填料充分接触，避免生物接触氧化池中存在污水与填料接触不均的缺陷。

四、水体的自净化功能

受污染的水体中都天然存在上述物理、化学和生物作用，分别称为物理自净、化学自净和生物自净作用，统称水体的自净化功能。充分利用和设法加强水体的自净化功能，是工业废水处理技术重点研究的课题。生物氧化塘法又称自然生物处理法，就是这类方法。在水体的自净化过程中，如果水体污染是一次性的，易氧化的有机物所进行的氧化作用在数小时内即可完成；有机物在水中微生物作用下的生物化学氧化作用一般要延续数天；含氮有机物的硝化过程一般要延续一个月左右，水体方可恢复到污染前的水平。如果水体污染是持续性的，那么水体污染与自净化就成为一对矛盾，水体污染程度取决于该矛盾向哪一个方向转化。水体的自净化能力是有限的，如果排入水体的污染物超过某一限度，将造成水体的永久性污染，这一限度称为水体的自净容量或水环境容量。影响水体自净能力的因素很多，主要有受纳水体的地理及水文条件、微生物的种类与数量、水温、复氧能力以及水体和污染物的组成和浓度等。不少天然湿地具有很强的水体自净化功能，被称为大自然的"肾脏"，应当珍惜保护并妥善利用。

五、废水分级处理与资源化

（一）废水分级处理

多数情况下，废水特别是城市生活污水和工业废水，不可能一次处理达标，常常需要采用多种处理方法分级处理。废水分级处理一般采用三级处理。一级处理的任务是从废水中去除呈悬浮状态的固体污染物，多采用物理处理法，一般经过一级处理后悬浮固体的去除率达到 70%～80%，而生化需氧量的去除率只有

25%～40%，废水的净化程度不高。二级处理的任务是大幅度地去除废水中的有机污染物，以生化需氧量为例，一般通过二级处理后，废水中生化需氧量可去除80%～90%，如城市污水二级处理后水中的生化需氧量含量可低于30mg/L，需氧生物处理法的各种处理单元大多能够达到这种要求。三级处理的任务是进一步去除二级处理未能去除的污染物，其中包括微生物未能降解的有机物、磷、氮和可溶性无机物。

（二）废水资源化

废水资源化是指经处理后的废水不仅要达到环境排放标准，而且要达到某些行业如农业灌溉的使用标准，即在消除污染源的同时创造出新水源。这种新水源称为中水或再生水。在我国缺水地区，废水资源化既可以解决废水污染问题，又有利于解决缺水问题。通过废水资源化，提高工业用水重复利用率，是减少工业废水总量的重要措施。目前，我国发达地区一些城市的工业用水重复利用率已经达到80%左右，一些化工企业已实现废水零排放这一目标。

第三节　固体废物及处理技术

一、固体废物概述

固体废物是指在生产、生活和其他活动中产生的，丧失原有利用价值或者虽未丧失利用价值但被抛弃或者放弃的固态、半固态和置于容器中的气态物质，以及法律、行政法规规定纳入固体废物管理的物品、物质。例如，《固体污染环境防治法》规定，未排入水体之前的液态废物也应按固体废物管理。固体废物处理不当容易污染大气、水体和土壤，而土壤和地下水一旦被污染，其修复过程极其漫长，其修复代价巨大，其危害不可估量。

（一）固体废物分类

按照来源，固体废物分为生活垃圾和工业固体废物。工业固体废物是指在工业生产活动中产生的固体废物。生活垃圾是指在日常生活中或者为日常生活提供服务的活动中产生的固体废物。

按照危险性，固体废物分为有毒有害固体废物和无毒无害固体废物。有毒有害固体废物即危险废物，是指列入国家危险废物名录或者根据国家规定的危险废物鉴别标准和鉴别方法认定的具有危险特性的固体废物。

（二）固体污染环境防治法

自 2005 年 4 月 1 日起施行的《固体污染环境防治法》是固体废物处理的法律依据。该法规定：国家对固体废物污染环境的防治，实行减少固体废物的产生量和危害性、充分合理利用固体废物和无害化处置固体废物的原则，促进清洁生产和循环经济发展。国家采取有利于固体废物综合利用的经济、技术政策和措施，对固体废物实行充分回收和合理利用。国家鼓励、支持采取有利于保护环境的集中处置固体废物的措施，促进固体废物污染环境防治产业发展。国家已经将危险废物处置工程、垃圾无害化处理工程列为国家重点环保工程。

《固体污染环境防治法》要求：县级以上人民政府应当将固体废物污染环境防治工作纳入国民经济和社会发展计划，并采取有利于固体废物污染环境防治的经济、技术政策和措施。国务院有关部门、县级以上地方人民政府及其有关部门组织，在编制城乡建设、土地利用、区域开发、产业发展等规划时，应当统筹考虑减少固体废物的产生量和危害性、促进固体废物的综合利用和无害化处置。国家对固体废物污染环境防治实行污染者依法负责的原则。产品的生产者、销售者、进口者、使用者对其产生的固体废物依法承担污染防治责任。

（三）固体废物处理的管理

加强对固体废物的管理也是避免或减轻其对环境污染的重要措施。固体废物应施行全过程管理，即应对固体废物的产生、运输、储存、处理和处置的各个环节都要进行有效控制管理。在产生环节，主要是通过工艺、设备、材料的改进，设法减少固体废物的产生量，甚至杜绝固体废物的产生，或者尽量减少固体废物中的有毒有害成分的含量。在储存运输环节，主要是禁绝固体废物的偷排偷放和乱堆乱放。在处理和处置环节，鼓励固体废物的分类利用和集中处理。

二、固体废物处理技术简介

从技术上讲，固体废物处理的原则是：①减量化，即减少固体废物的产生数量；②资源化，即将固体废物加工利用变废为宝；③无害化处理，即对无法加工利用的固体废物进行无害化或少害化处理，避免其污染环境。固体废物处理技术包括固体废物资源化技术、固体废物热处理技术、固体废物热解技术、固体废物生物处理技术和固体废物卫生填埋技术等。有关固体废物处理技术的专门著作比较多，所以本节仅重点介绍各种固体废物处理技术的适用范围。

（一）资源化技术

废物是放错了地方的资源。对每一种废物要弄清其成分，分析其性质，找到其用途，研究其加工利用的技术，使废物资源化。

某些废物只要分类回收就可以资源化。例如，废金属、塑料、纸张、木材、玻璃只要分类回收，就可以成为再生材料。这些再生材料的性质有的不如新材料，但是制作某些低档产品还是可以的。例如，我国的再生铜产量很大，已经可以影响铜的国际市场价格。

某些废物则需要经过加工才可以资源化。例如，我国燃煤锅炉粉煤灰的综合利用比较普遍。粉煤灰的主要成分是硅铝酸盐，目前大量用于建材，在农业上还用于改良土壤或配制肥料。在环保产业中，利用其多孔性作为吸附剂处理废水。

大型化工企业，只要产生废物往往数量巨大，废物的堆放和处理可能成为难题，但是，一旦找到资源化的途径，由于规模大废物又集中，比较容易实现资源化。例如，磷肥工业中的废渣磷石膏，主要成分是硫酸钙，但是与石膏相比，其杂质多、不易利用。鲁北企业集团绿色化学 PSC 工程将磷铵、硫酸、水泥三套生产装置科学地结合在一起，利用磷铵生产的废渣磷石膏制硫酸联产水泥，硫酸返回用于磷铵生产，硫酸尾气回收制取液化 SO_2 用于提取溴素；废水在封闭装置中循环利用。该企业用一种原料磷矿石生产出四种产品，而没有任何废弃物排出。对解决磷石膏利用这一世界难题做出了重要贡献。

废物资源化问题主要是企业经济效益与社会效益如何统筹兼顾的问题。许多废物从技术上讲可以资源化，但是从经济上分析极其不合算，企业难以采取这种资源化技术。从资源化技术上进行创新，努力降低成本，提高资源化产品的品质，是一条思路。国家从经济政策上鼓励引导废物资源化也非常重要。

（二）热处理技术

固体废物如果是可燃物质，通过焚烧处理最为合适。例如，以玉米芯为原料生产糠醛时，产生的固体废料用作锅炉燃料，可以基本满足本厂对于水蒸气的需求。焚烧法属于固体废物热处理技术，是生活垃圾处理的重要方法。焚烧法不仅可以使生活垃圾减量化、无害化，而且可以资源化。其资源化的程度取决于生活垃圾中的可燃物在焚烧过程中放出热量的多少，即生活垃圾的热值。世界各国的经验证明，经济越发达，居民生活水平越高，生活垃圾越多，生活垃圾的热值也越大。热值大的垃圾可以用来焚烧发电。目前，我国经济发达地区已经建设了不少生活垃圾焚烧厂。需要注意的是，焚烧法处理生活垃圾产生的废气仍然有害，不完全燃烧时，可能产生以二噁英为代表的高毒有机物和一氧化碳等。

（三）热解技术

热解技术适用于废塑料、废橡胶等高分子有机化合物固体废料的处理，其原理类似于石油裂解和煤的干馏。热解技术是利用有机物的热不稳定性，在无氧或缺氧条件下加热，使大分子的有机物分解为小分子。废塑料、废橡胶热解产物一般有氢气、一氧化碳等可燃气体，还有可燃液体以及残渣。热解技术需要消耗能量。因此，只有那些数量大、可裂解并且裂解产物有较高价值的固体废料，才比较适合使用热解技术。使用热解技术还要注意热解过程的安全。

（四）生物处理技术

农村生活垃圾、农作物的秸秆等可以堆肥化。堆肥化是在控制条件下，利用细菌、真菌等微生物，使有机废物生物降解，转化为稳定的腐殖质的生物化学过程。堆肥化是在有氧条件下依靠好氧微生物完成的，微生物来自垃圾自身，也可以人工加入特殊菌种。

（五）卫生填埋技术

卫生填埋技术是利用工程手段，采取有效技术措施的科学卫生填埋技术。其主要技术措施是：生活垃圾与地面要隔离，防止渗液污染土壤和地下水；生活垃圾要压实，以减少体积；填埋后要及时推平覆盖再压实．以防止有害气体逸出；充分考虑后续利用。要特别关注广大农村垃圾问题，因为农村土壤和地下水一旦污染，对于广大农民的生活和农业的发展的危害是不可估量的。

三、土壤污染及其修复技术简介

（一）土壤污染物来源及其危害

土壤污染物来源于以下几个方面：工业废水和生活污水含有大量重金属元素、酸、碱、盐和有机物等多种污染物，如果不加处理或处理不合格，与土壤接触后将产生较严重的土壤污染；工业固体废弃物与城市垃圾中也有多种污染物，如果不进行无害化处理甚至乱堆乱放，其中所含的污染物很容易随雨水流动，造成土壤或水体污染；杀虫剂、杀菌剂、除草剂和植物生长剂等各类农药的使用方法不合理、不科学，既污染农产品，也残留在土壤中。此外，大气中的污染物如二氧化硫、氮氧化物以及飘尘等也不断随雨水沉降到土壤中。

　　土壤污染物可能破坏植物根系的发育与吸收功能,影响植物的生长发育,导致农作物大幅度减产;也可能影响土壤微生物的种群结构,造成植物疾病蔓延;又可能在植物内积累,引起遗传变异;还可能通过食物链进入人体,影响人类身体健康。土壤污染物不易扩散、稀释、降解,所以上述危害往往随着污染物长年累月地积累逐渐显现出来,有相当大的隐蔽性、滞后性和长期性。一旦发现土壤污染物对于植物、动物或人体造成危害,即使立即切断上述污染源,后期土壤污染修复过程很漫长,代价也是巨大的,所以土壤污染应当以预防为主。

（二）土壤污染修复技术简介

　　土壤污染修复技术包括化学修复、微生物修复和植物修复三大类,每一类又有若干种技术,实际操作中常将两三种技术组合使用,即采用联合修复技术。土壤污染修复过程中,如果将被污染的土壤挖掘、输送至异地处理,称异位修复,否则为原位修复。化学修复技术简而言之就是将选定的化学物质与被污染的土壤充分接触,化学物质与污染物之间发生物理（溶解）或化学作用（反应）,使污染物进入溶剂与土壤分离或转化为无害物质。土壤中的水分可能降低化学物质的浓度;土壤粒度将影响二者充分接触;溶剂与土壤要很好地分离以避免化学物质污染土壤等,这些因素常给化学修复带来诸多技术或成本方面的难题。微生物修复技术主要是利用微生物的作用降解土壤中的某些有机污染物,堆肥法就是最简单的微生物修复技术。植物修复技术原理是,在污染土壤上栽种对污染物耐受性高、吸收能力强的植物,利用植物的生物吸收和根区修复机理（植物-微生物的联合作用）,从污染环境中去除或固定污染物。某些植物对于某些重金属离子有超常的吸收与富集能力,称超积累植物,可以通过连年种植和收割超积累植物,有效缩短土壤污染修复时间。微生物和植物修复技术都可以用于地下水污染的修复。

四、地下水污染及其修复技术简介

　　地下水污染主要指由于人类活动引起的,因地下水化学成分、物理性质和生物特性改变而使水质恶化的现象。地下水污染物来源于以下几个方面:工业废水和生活污水等地表污水排放;各类化肥农药等土壤污染物随着雨水、灌溉用水渗入地下含水层;垃圾填埋场渗漏污染,其共同点是污染物先污染土壤,然后渗入地下含水层。此外,地下淡水的过量开采可以导致沿海地区的海水入侵。

　　因为来源不同,不同地区的地下水污染物有所不同,一般而言,氮元素是最常见的地下水污染物,且存在形式常以硝酸盐为主。目前我国地下水污染面积不断扩大,污染程度不断加重,污染物由无机物向有机物发展,形势极其严峻。

　　地表以下地层结构复杂，地下水流动极其缓慢，因此，地下水污染具有过程缓慢、不易发现和难以修复等特点。所以，地下水污染应当以预防为主。传统修复技术是将被污染的地下水用水泵抽至地上，再用上节介绍的各种污水处理技术处理，达标后或回灌地下或排放。该法只能处理小范围的污染，可能破坏地下水的生态环境。目前正在探索的修复技术包括物理化学修复技术和生物修复技术两大类。和土壤污染修复技术类似，生物修复技术包括微生物修复技术和植物修复技术。

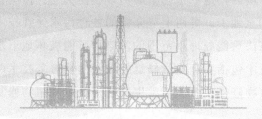

第六章

化工清洁生产体系

化工清洁生产是一种全新的发展战略，它在产品整个生命周期的各个环节采取"预防"措施，通过将生产技术、生产过程、经营管理及产品等方面与物流、能量、信息等要素有机结合起来，从而实现最小的环境影响，最少的资源、能源使用，最佳的管理模式以及最优化的经济效益。

第一节　清洁生产的概述

一、清洁生产的定义

在过去很长一段时期内，人类极力追求工业化社会，促使工业不断发展，而对工业发展给环境带来的影响和危害却缺乏认识或者认识不足。随着人口数量的急剧增加，工业不断发展，造成资源的过度消耗和环境的严重污染，使得资源、人口和环境成为当今人类社会所面临的三大问题。

20 世纪 70 年代初，联合国曾在瑞典首都斯德哥尔摩召开了历史上首次研讨保护人类环境的会议。在这次会议上提出了"人类只有一个地球"的口号，标志着人类对环境问题的觉醒。从那时起，发达国家的一些企业相继尝试运用如"污染预防""废物最小化""减废技术""源削减""零排放技术""零废物生产"和"环境友好技术"等方法和措施，来提高资源利用率，削减污染物，以减轻对环境和人类的危害。这些活动获得了良好的生态效益、环境效益和经济效益，增强了人们通过革新工艺和产品对于减少环境污染、提高资源利用率的信心。

在总结世界各地工业污染防治理论和实践的基础上，联合国环境规划署

（UNEP）于 1989 年首次提出了清洁生产的定义，指出："清洁生产是一种新的创造性思想，该思想将整体预防的环境战略持续应用于生产过程、产品和服务中，以增加生态效率和减少对人类环境的风险。""对生产过程而言，清洁生产包括节约原材料和能源，淘汰有毒原材料并在全部排放物和废弃物离开生产过程之前减少它们的数量和毒性。""对产品而言，要求减少从原材料提炼到产品最终处置的全生命周期的不利影响。""对服务而言，要求将环境因素纳入设计和所提供的服务中"。必须明确的是，清洁生产不包括末端治理技术，如空气污染控制、废水处理、固体废弃物焚烧或填埋，它必须依靠应用专门技术、改进工艺和管理态度来实现。这就告诉人们：末端处理不等于清洁生产。

1993 年，我国制定了《中国 21 世纪议程》，把推行清洁生产列入落实可持续发展战略的重要措施。《中国 21 世纪议程》对清洁生产的定义是："清洁生产是指既可满足人们的需要又可合理使用自然资源和能源，并能保护环境的实用生产方式和措施，其实质是一种物料和能源消耗最少的人类生产活动的管理和规划，将废物减量化、资源化和无害化，或消灭于生产过程中。同时，对人体和环境无害的绿色产品的生产，也将随着可持续发展进程的深入而日益成为今后产品生产的主导方向。"

2002 年 6 月，我国政府颁布了《中华人民共和国清洁生产促进法》，该法对清洁生产的定义是：清洁生产是指不断采取改进设计、使用清洁的能源和原料、采用先进的工艺技术和设备、改善管理、综合利用等措施，从源头削减污染，提高资源利用效率，减少或者避免生产、服务和产品使用过程中污染物的产生和排放，以减轻或者消除对人类健康和环境的危害。

由清洁生产的定义可知，清洁生产不仅仅是一个概念，更重要的是，它是一种新的观念和思维。我们知道，工业生产是环境污染的主要因素。目前，世界上许多国家正处于工业化进程中，工业企业数量不断增加，而这些工业企业大多仍然沿用着能源消耗高、资源浪费大、污染严重的传统工业生产方式，导致可利用资源濒临枯竭，工业污染远远超出环境容量，控制难度很大。在这种情况下，工业污染仍然采取"末端治理"这一被动的管理模式，就必然会导致一系列严重问题。清洁生产是一种从"源头"治理工业污染的生产方式，是一种消除或削减产品在生产过程、使用过程以至于废弃过程中造成的环境污染的全新思维。可见，清洁生产是人们观念和思维的转变，是环境保护战略由被动反应向主动行动的转变，也是环境保护措施由治标向治本的转变。

需要指出的是，清洁生产是一个相对的概念，所谓清洁的生产过程和清洁的产品，都是与现有的生产过程和现有的产品相比较而言的。由此可见，推行清洁生产，本身就是一个不断完善、不断提高的过程。因此，随着社会经济的不断发展和科学技术的不断进步，人们将适时地提出更新的清洁生产目标，采用最新的方法和手段，从而使清洁生产达到更新、更高的水平。

二、清洁生产的特征

由清洁生产的定义不难看出，清洁生产具有以下特征。

（一）预防性

"预防优于治理"是清洁生产的重要指导思想之一。清洁生产是从资源节约和环境保护两个方面对工业产品生产从设计到产品的生产、包装储藏、运输、销售、使用直至产品废弃后的最终处置，都给予全程控制和预防。因此，清洁生产与末端治理有着本质的不同。

（二）全面性

清洁生产不仅要求考虑产品及其生产过程对环境的影响，而且要求考虑服务对环境的影响。不仅如此，清洁生产还要求两个"全过程"控制：其一是对产品的生命周期全过程进行控制，从原材料加工、提炼到产品产出、使用直到报废处置的各个环节采取必要的措施，实现产品在整个生命周期内资源和能源消耗最小化；其二是对生产的全过程进行控制，也就是说，对产品设计开发、规划建设、生产运营的全过程实施控制，防止生态破坏和环境污染。

（三）创新性

清洁生产在观念和思维上的创新，增强了清洁生产的可行性和可操作性。清洁生产改变了传统的不顾费用有效的思想和单一末端控制的方法，对污染物实行费用有效的源削减。清洁生产认可原料和能源的有效利用，但更加强调节约、洁净利用。只有所有的原料和能源都能够被节约、洁净、有效地利用，才能实现生态效益、环境效益、社会效益和经济效益的高度统一。

（四）效益性

清洁生产是一种从源头治理污染的方法，追求把工业污染消除或削减在工艺生产过程中，把经济效益与生态效益、环境效益统一起来。与末端治理相比，清洁生产不仅可以治理污染，而且可以提高经济效益，因而受到企业的青睐。清洁生产要求人们树立新的效益观，正确处理发展经济与环境保护的关系，正确处理利润、质量与环境保护的关系。当发展经济与环境保护，利润、质量与环境保护发生矛盾的时候，应该毫不犹豫地服从环境保护。可见，必须实施环境保护"一票否决制"。

（五）全球性

清洁生产绝不是一厂一地一国的事情，而是全人类的共同事业，因此，需要全球人类的共同参与。清洁生产着眼于全球环境的彻底保护，为人类建设一个清洁的地球。清洁生产的全球性特征提示人们：只有一个地球，污染是没有国界的！只有人类与自然和睦、和谐相处，人类社会才得以持久发展。

第二节　实施清洁生产的意义

一、化工清洁生产是实施可持续发展的必然选择

可持续发展要求资源、环境的永续利用，而传统经济消耗大量的资源和能源，粗放经营与管理造成高投入、高消耗、高污染和低收益的结果。实施清洁生产，可以提高资源能源利用率和原材料转化率，把污染消除在生产过程中，实现污染物达标排放（"一控双达标"），获得良好经济、社会和环境效益。因此，清洁生产是实现可持续发展的重要手段。

二、化工清洁生产是促进增长方式转变的有效途径和客观要求

当前经济结构不合理，发展方式粗放，技术与装备落后，造成生产效益低，资源和能源浪费严重。实施清洁生产，要求淘汰落后产能，发展新兴产业，促进技术进步，提高经营效益。从根本上促进经济增长方式的转变，促进经济、社会和环境协调发展。

三、化工清洁生产是防治工业污染的最佳模式

当前工业模式主要以线性为主，一边是消耗大量资源和能源，一边是产生大量的污染废弃物质，造成严重环境污染，降低生产效率。实施清洁生产，可以利用循环经济的理念，采取过程控制与末端治理相结合的全过程控制措施，把工业模式改变成为循环模式，促进资源的循环利用、能源的多梯级利用，降低消耗，提高效益。

四、化工清洁生产是企业树立良好社会形象的内在要求

当前在经济领域，企业间竞争激烈，竞争不仅体现在工艺、设备、技术、操作、产品、市场、职工素质等多个方面，而且反映在企业的信誉和社会责任等方面。实施清洁生产，可以帮助企业进行技术革新与改造，改善工作环境，减少污染排放，提升员工素质，承担应有的社会减排责任，树立企业良好的社会形象。

五、化工清洁生产是消除国际环境壁垒的重要手段

当前我国经济领域还普遍存在工艺落后、产品性能差、生产能耗高、污染大和产品使用有风险等问题，严重影响中国制造进入国际市场，产生国际贸易间的"绿色壁垒"，影响国货销售，影响国家声誉。实施清洁生产，可以提高企业整体竞争能力，提升产品品质，提高我国产品的国际市场竞争力，提升企业形象和国家声誉。

六、化工清洁生产是保证环境达标的重要途径

以前企业把环境达标的重点放在末端治理上，花了很多钱，治理效果不好，很难达到日趋严格的排放标准，造成巨大的环境压力。实施清洁生产，可以在生产全过程上做文章，末端治理加上全过程控制，从根本上解决污染问题，实现环境保护的目标要求。

七、化工清洁生产是获得竞争优势的潜在要求

企业的竞争是全方位的竞争，企业的发展依赖于先进的技术、优良的产品、高素质的员工、规范科学的运行、少量的物质和能源消耗以及少污染或无污染。因此实施清洁生产，可以促进技术、设备、管理全面升级，降低生产成本，改进产品品质，增大环境空间，减少环境风险，改善生产生活环境。

八、化工清洁生产是当今经济社会发展的必然要求

当今社会，可持续发展成为全球共同选择的发展道路，实施可持续发展必须以循环经济作支撑，循环经济社会的建立必须以清洁生产作基础。历史经验和现实实例已经证明：企业只有有效地推行清洁生产，才能促进经济结构调整和技术进步，才能减少消耗和污染，才能实现环境友好型和谐社会的建设目标，为全人类带来福祉。

第三节　化工清洁生产审核

清洁生产审核是实施清洁生产的基础，只有通过科学规范的审核过程，才能发现不清洁的部位，明确造成资源消耗大和污染重的原因，从而找到解决的办法，通过清洁生产方案的实施，达到清洁生产目标。因此，清洁生产审核是支持和帮助企业有效开展清洁生产活动的工具和手段，也是企业实施清洁生产的基础。当前在企业中推行清洁生产审核，可以达到以下五个目的：一是针对目前部分企业对清洁生产不重视的现象，亟须通过清洁生产审核，提高认识，激励员工关心、支持和参与清洁生产工作；二是针对目前部分企业管理落后、清洁生产潜力大的状况，亟须通过清洁生产审核，提升管理水平；三是针对一些企业特别是重化工企业污染严重的状况，亟须通过审核，全过程寻找解决方案；四是针对我国经济结构不合理和生产过程能耗、物耗大的现状，亟须通过清洁生产审核，促进产业结构调整和技术进步；五是针对目前实体经济普遍经济效益不好的状况，亟须通过清洁生产审核，找出造成资源浪费和消耗大的部位，通过采取措施提升企业的经济效益。

一、清洁生产审核的概念

（一）《中华人民共和国清洁生产促进法》定义

清洁生产审核是一套对正在运行的生产过程进行系统分析和评价的程序，是通过对一家公司（工厂）的具体生产工艺、设备和操作的诊断，找出能耗高、物耗高、污染重的原因，掌握废物的种类、数量以及产生原因的详尽情况，提出如何减少有毒和有害物料的使用、产生以及减少废物产生的方案，经过对备选方案的技术经济性及环境可行性分析，选定可实施的清洁生产方案的分析过程。

（二）清洁生产审核重点和必要性

清洁生产审核工作的重点在企业。企业的清洁生产审核是指通过对企业从原材料购置到产品的最终处置全生命周期的细致调查和分析，掌握该企业产生废物的种类和数量，提出减少有毒有害物料使用以及废物产生的清洁生产方案，在对备选方案进行技术、经济和环境的可行性分析后，选定并实施可行的清洁生产方案，进而使生产过程产生的废物量达到最小或者完全消除的过程。

企业清洁生产审核是企业实施清洁生产的重要内容和有效工具。在进行污染预防分析和评估过程中，通过制订并实施减少能耗、水耗和原辅材料消耗，消除或减少生产过程中有毒物质的使用，减少各种废物排放及其降低毒性的清洁生产方案，来实现消除或削减污染，提高经济效益。

二、清洁生产审核的目的、原则和方式

（一）清洁生产审核的目的

清洁生产审核是对整个生产运行过程的全面诊断，通过清洁生产审核可以达到以下四个目的。

1. 找到节约资源的途径和办法

通过对工艺操作的投入和产出进行分析，主要包括原辅材料、产品、中间产品、水和能源的消耗分析和废物产生的分析，找到资源能源浪费的主要环节，确定节约资源的途径和办法。

2. 制订废物削减对策

通过对废物来源、数量、特征和类型的分析，对照环境标准和废物总量削减目标，利用现有的污染控制和治理的先进技术，制订有效的废物削减对策。

3. 提高运行效率

通过审核工作，判定企业效率低的"瓶颈"部位和管理不善的地方，通过规范操作与运行，优化工艺配置和技术参数，帮助企业解决主要的资源和环境问题，提高运行效果，提高产品品质，提升企业的经济效益。

4. 提升管理水平

通过审核，强化职工的清洁生产意识和精细化管理、全过程控制意识，强化科学量化管理，提高污染预防的自觉性，全面提高职工的素质和技能，提高企业的全面竞争能力。

（二）清洁生产审核的四个原则

1. 以企业为主体的原则

清洁生产审核的对象是企业，清洁生产审核可以帮助企业找出按照一般方法难以发现或者容易忽视的问题，通过解决这些问题常常会使企业获得良好的经济效益和环境效益，帮助企业树立良好的社会形象，进而提高企业的竞争力。清洁生产审核的所有工作都是围绕企业来进行的，因此需要企业员工的全面全过程参

与，离开了企业，所有工作都无法开展。

2. 自愿审核与强制性审核相结合的原则

清洁生产审核采取强制与自愿相结合的方式，鼓励所有企业开展清洁生产审核。对污染物排放达到国家和地方规定的排放标准以及当地人民政府核定的污染物排放总量控制指标的企业，可自愿开展清洁生产审核。

对于那些污染严重，可能对环境造成极大危害的企业，即污染物排放超过国家和地方规定的排放标准或者超过经有关地方人民政府核定的污染物排放总量控制指标的企业，以及使用有毒、有害原料进行生产或者在生产中排放有毒、有害物质的企业（"双超双有"企业），应依法强制实施清洁生产审核。

《关于进一步加强重点企业清洁生产审核工作的通知》（环发【2008】60号）规定：各级环保部门要加强清洁生产审核与现有环境管理制度的结合。新、改、扩建项目进行环境影响评价时要考虑清洁生产的相关要求；限期治理企业应同时进行强制性清洁生产审核，并通过评估、验收；通过清洁生产审核评估、验收的企业，其清洁生产审核结果应作为核准排污许可证载明的排污量的依据。未能按期完成减排任务的企业，要实行强制性清洁生产审核，确保完成减排任务。

3. 企业自主审核与外部协助审核相结合的原则

企业的优势在于对自身的产品、原料、生产工艺、技术、资源能源利用效率、污染物排放以及内部管理状况比较熟悉，因此，如果企业有掌握了清洁生产审核的方法和程序的技术人员，可以自行开展全部或部分清洁生产审核工作。

大部分中小企业，不熟悉清洁生产审核方法，不了解自身与国内外先进技术水平的差距，未掌握有关清洁生产审核的技术，特别是受人员、技术等因素的影响，难以自主开展清洁审核工作。因此，企业开展清洁生产审核需要外部专家进行指导和帮助。

因此，贯彻企业自主审核与外部专家协助审核相结合的原则，对提高清洁生产审核的效果意义重大。

4. 因地制宜、注重实效、逐步开展的原则

我国企业众多，地区经济发展不均衡，不同地区、不同行业的企业工艺技术、资源消耗、污染排放情况千差万别，在实施清洁生产审核时应结合本地的实际情况，因地制宜地开展工作。

由于我国全面开展清洁生产审核工作起步晚，需要通过宣传教育，不断提高思想认识，增加资金投入，开展相关研究，引入先进技术工艺和设备，引导企业将开展清洁生产审核作为自觉行为，持续进行下去。

（三）清洁生产审核的方式

清洁生产审核按照审核主体分为企业自我审核、外部专家指导审核和清洁生产审核咨询机构审核三种方式，清洁生产审核按照企业意愿分为自愿性审核和强制性审核。

企业自我审核是指在没有或很少外部帮助的前提下，主要依靠企业内部技术力量完成整个清洁生产审核过程。自行组织开展清洁生产审核的企业应具有5名经国家培训合格的清洁生产审核人员并有相应的工作经验，其中至少有1名具有高级职称并有5年以上企业清洁生产审核经历。外部专家指导审核是指在外部清洁生产审核专家和行业专家指导下，依靠企业内部技术力量完成整个清洁生产审核过程。清洁生产咨询机构审核是指企业委托清洁生产审核咨询机构，完成整个清洁生产审核过程。

自愿性审核是指企业根据自身发展需要进行的审核。强制性审核是指企业在法律法规要求下必须进行的清洁生产审核。强制审核的条件之一是污染物排放超过国家和地方排放标准，或者污染物排放总量超过地方人民政府核定的排放总量控制指标的污染严重企业；强制审核的条件之二是使用有毒有害原料进行生产或者在生产中排放有毒有害物质的企业。有毒有害原料或物质主要指《危险货物品名表》《危险化学品目录》《国家危险废物名录》和《剧毒化学品目录》中的剧毒、强腐蚀性、强刺激性、放射性（不包括核电设施和军工核设施）、致癌、致畸等物质。

《重点企业清洁生产审核程序的规定》规定，为企业提供清洁生产审核服务的中介机构应符合下述基本条件：具有法人资格，具有健全的内部管理规章制度；具备为企业清洁生产审核提供公平、公正、高效率服务的质量保证体系；有固定的工作场所和相应工作条件，具备文件和图表的数字化处理能力，具有档案管理系统；有2名以上高级职称、5名以上中级职称并经国家培训合格的清洁生产审核人员；应当熟悉相应法律、法规及技术规范、标准，熟悉相关行业生产工艺、污染防治技术，有能力分析、审核企业提供的技术报告、监测数据，能够独立完成工艺流程的技术分析、进行物料平衡、能量平衡计算，能够独立开展相关行业清洁生产审核工作和编写审核报告；无触犯法律、造成严重后果的记录；未处于因提供低质量或者虚假审核报告等被责令整顿期间。

三、清洁生产审核的思路

清洁生产审核的总体思路为：判明废物产生和能耗物耗高的部位，分析废物产生和物耗能耗高的原因，提出解决方案，减少资源消耗和能源消耗，消除或减少废物产生。主要从以下三个方面考虑问题。

（一）废物在哪里产生或在哪里存在

细致调查、分析与研究整个生产工艺，通过调查分析和物料平衡计算，找出废物产生和能耗、物耗高的部位，找出存在的主要问题，通过图示或列表得到问题清单，并加以简单描述。

（二）产生废物的原因

按照整个生产工艺，从原辅材料与能源、工艺、管理、操作、设备、员工、产品和废物八个方面分析产生废物原因，找到废物产生的问题所在。

（三）如何削减或消除污染物

针对每个废物产生的原因，设计相应的清洁生产方案，解决以上发现的不清洁问题，达到从源头消除废物、降低能耗和物耗的目的。

清洁生产方案产生的思路包括革除、修正、改变和重组四个方面。革除是指在不影响整体生产的情况下，去除原有生产工艺中的一些不必要的工序，不加替代；修正是指在整体工艺总体保持不变的情况下，仅改变其中局部的内容，如参数、工序或设备等；改变是指进行比较彻底的改变，用新工艺代替旧工艺；重组是指在改变产品结构和提升品质的情况下，在原来工艺中增加新的工序，重组成为新的工艺。

四、清洁生产审核的技巧

清洁生产审核通常情况下是对企业生产全过程的全面审核，包括组织生产的八个方面，见图 6-1。

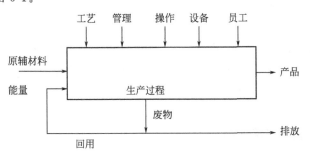

图 6-1　清洁生产考虑的八个方面

在清洁生产审核时，按照清洁生产审核思路的三个层次，对应生产过程的八个方面，逐步分析与研究，确定清洁生产方案。图 6-2 是三个层次和八个方面问题的叠加。

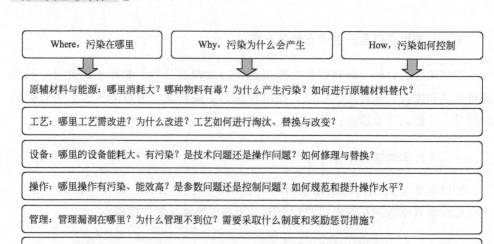

图 6-2　清洁生产审核的三个层次和八个方面

清洁生产方案产生的五个途径如下。

（1）逐步深入分析。先从宏观上分析，然后再从微观上研究，先从全厂整体看，然后再一个工序一个工序逐个分析。做到先粗后细，从表及里，由大到小。

（2）分层嵌入融合。对应生产过程的八个方面，从清洁生产审核的三个层次思考，逐步分析确定方案。

（3）反复迭代挖掘。在审核的各个阶段，反复应用分层嵌入融合原理，使清洁生产方案随着审核的进程不断增加与完善。

（4）物质守恒分析。在审核的评估阶段，建立各单元的物质平衡、能量平衡、水平衡、特定元素平衡（S平衡、C平衡、N平衡）等，通过分析原因找到清洁生产方案。

（5）穷尽枚举。通过广泛征集合理化建议、召开专家讨论会等方式，采取头脑风暴形式，反复分析确定方案。

五、清洁生产审核的特点

清洁生产审核是实施清洁生产的前期工作，要做好这项工作，我们不仅要研究清洁生产的特点，把握清洁生产的规律，而且要研究审核的特点，分析其在清洁生产中的地位和作用，使两者更好地结合。分析表明，清洁生产审核具有以下六个主要特点。

（一）鲜明目的性

清洁生产的目标是"节能、降耗、减污、增效"，要实现这个目标，在进行清洁生产审核时，就要遵循目标指向。分析清洁生产的相关措施是否达到了目标要求，由此确定清洁生产审核的方向、技术措施和管理要求。

（二）全面系统性

清洁生产涉及整个生产过程的方方面面，因此，清洁生产审核要以生产过程为主体，同时还要考虑影响废物产生的各个方面。从原材料投入到产品改进，从技术革新到加强管理等，设计一套发现问题、解决问题、持续实施的系统而完整的科学方法。

（三）突出预防性

清洁生产的特点是突出预防性，因此审核时，不仅要看是否采取必要的末端治理措施，更要看是否从源头采取了削减污染的各项措施。预防性的清洁生产审核思想要贯穿于审核的全过程。

（四）符合经济性

清洁生产不仅注重降耗减排，还注重经济效益。因此清洁生产审核要把减少消耗、提高效益作为重点。不仅要求采取措施削减污染物和降低能耗物耗，达到环保要求，而且通过过程控制措施，减轻末端处理的投入，将污染物作为有用的原料加以利用，增加产品的产量和质量，提高劳动生产效率，保持较好的经济性。

（五）强调持续性

清洁生产是一个持续的过程，需要紧跟经济社会和科学技术的发展不断强化，因此清洁生产审核要把握技术发展的节点，持续性进行审核，保证清洁生产技术不断更新。随着清洁生产要求的不断强化，生产过程逐步清洁。

（六）注重可操作性

清洁生产采取的技术措施一定要与当前的企业生产状况相匹配，因此清洁生产审核要深入实际，研究企业实际生产存在的问题，研究与之相适应的技术发展状况，还要研究企业的经济实力和管理水平，注重采用工艺、技术的实用性、先进性和可操作性。不在低水平下徘徊，也不能好高骛远，建造空中楼阁。

六、清洁生产审核的过程

整个清洁生产审核过程可以分解为 7 个阶段、35 个步骤。7 个阶段包括筹划与组织、预评估、评估、方案产生与筛选、可行性分析、方案实施及持续清洁生产。35 个步骤的内容和输出成果如图 6-3 所示。

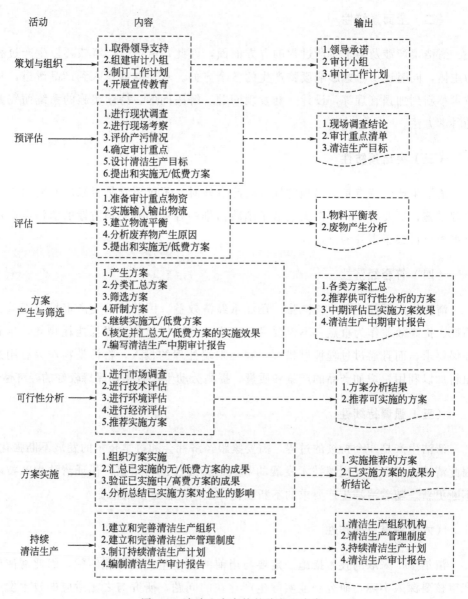

图 6-3　清洁生产审核的阶段和内容

七、清洁生产审核的评估与验收

清洁生产审核与验收主要依据《关于进一步加强重点企业清洁生产审核工作的通知》和《重点企业清洁生产审核评估、验收实施指南》进行，由省级环保部门组织验收工作。国家环保部门定期公布重点企业名单，按期实施清洁生产审核。每年 3 月 31 日之前环保行政主管部门要将本辖区内重点企业清洁生产审核、评估与验收工作的情况报送生态环境部。

（一）清洁生产审核与验收概念

清洁生产审核又称为清洁生产审核评估，是指按照一定程序对企业清洁生产审核过程的规范性、审核报告的真实性，以及清洁生产方案的科学性、合理性、有效性等进行评估。其重点工作是：清洁生产审核过程是否按照规范进行，审核报告是否真实、规范、全面，清洁生产方案是否技术先进、科学合理、经济效益显著等。

清洁生产验收又称为清洁生产审核验收，是指企业通过清洁生产审核评估后，对清洁生产中/高费方案实施情况和效果进行验证，并做出结论性意见。验收工作主要看方案是否实施，实施后是否取得预期效果等。

（二）清洁生产审核评估

1. 申请清洁生产审核评估企业具备的条件

申请清洁生产审核评估企业必须满足四个条件。

（1）完成清洁生产审核过程，编制了《清洁生产审核报告》。

（2）基本完成清洁生产无/低费方案。

（3）技术装备符合国家产业结构调整和行业政策要求。

（4）清洁生产审核期间，未发生重大及特别重大污染事故。

2. 申请清洁生产审核评估企业需提交的材料

申请清洁生产审核评估企业需提交以下材料。

（1）企业申请清洁生产审核评估的报告。

（2）《清洁生产审核报告》。

（3）有相应资质的环境监测站出具的清洁生产审核后的环境监测报告。

（4）协助企业开展清洁生产审核工作的咨询服务机构资质证明及参加审核人员的技术资质证明材料复印件。

3. 企业清洁生产审核评估过程

企业清洁生产审核评估一般包括五个步骤。

（1）审阅企业清洁生产审核报告等有关文字资料。

（2）召开评估会议，企业主管领导介绍企业基本情况、清洁生产审核初步成果、无/低费方案实施情况、中/高费方案实施情况及计划等；企业清洁生产审核主要人员介绍清洁生产审核过程、清洁生产审核报告书主要内容等。

（3）资料查询及现场考察，主要内容为无/低费和已实施中/高费方案实施情况，现场问询，查看工艺流程、企业资源能源消耗、污染物排放记录、环境监测报告、清洁生产培训记录等。

（4）专家质询，针对清洁生产审核报告及现场考察过程中发现的问题进行质询。

（5）根据现场考察结果以及报告书质量，对企业清洁生产审核工作进行评定，并形成评估意见。

4. 企业清洁生产审核评估标准和内容

在进行企业清洁生产审核评估时，遵循以下七个标准。

（1）领导重视、机构健全、全员参与，进行了系统的清洁生产培训。

（2）根据源头削减、全过程控制原则进行了规范、完整的清洁生产审核，审核过程规范、真实、有效，方法合理。

（3）审核重点的选择反映了企业的主要问题，不存在审核重点设置错误，清洁生产目标的制定科学、合理，具有时限性、前瞻性。

（4）提交了完整、翔实、质量合格的清洁生产审核报告，审核报告如实反映了企业的基本情况，对企业能源资源消耗、产排污现状、各主要产品生产工艺和设备运行状况，以及末端治理和环境管理现状进行了全面的分析，不存在物料平衡、水平衡、能源平衡、污染因子平衡和数据等方面的错误。

（5）企业在清洁生产审核过程中按照边审核、边实施、边见效的要求，及时落实了清洁生产无/低费方案。

（6）清洁生产中/高费方案科学、合理、有效，通过实施清洁生产中/高费方案，预期效果能使企业在规定的期限内达到国家或地方的污染物排放标准、核定的主要污染物总量控制指标、污染物减排指标；对于已经发布清洁生产标准的行业，企业能够达到相关行业清洁生产标准的三级或三级以上指标的要求。

（7）企业按国家规定淘汰明令禁止的生产技术、工艺、设备以及产品。

申请评估企业向当地环保部门提出评估申请（企业需在上交清洁生产审核报

告后一个月内提交评估申请）；当地环保部门对申请企业的条件、提交的材料进行初审，初审合格后，将材料逐级上报。省级环保部门组织专家或委托相关机构对初审合格的企业进行材料审查、现场评估，并形成书面意见，定期在当地主要媒体上公布通过清洁生产审核评估的企业名单。评估结果分为"通过"和"不通过"两种。

5. 评估不通过的原因

审核评估时，当不满足以下六条中的一条时，审核评估不合格。

（1）没有满足《企业清洁生产审核评估标准和内容》的任何一项。

（2）审核重点设置错误或清洁生产目标设置不合理。

（3）没有对本次审核范围做全面的清洁生产潜力分析。

（4）数据存在重大错误，包括相关数据与环境统计数据偏差较大情况。

（5）企业没有按国家规定淘汰明令禁止的生产技术、工艺、设备以及产品。

（6）在清洁生产审核过程中弄虚作假。

（三）清洁生产审核验收

1. 申请清洁生产审核验收的企业具备条件

企业申请清洁生产审核验收时，需要具备以下三个条件。

（1）通过清洁生产审核评估后按照评估意见所规定的验收时间，综合考虑当地政府、环保部门时限要求提出验收申请（一般不超过两年）。

（2）通过清洁生产审核评估之后，继续实施清洁生产中/高费方案，建设项目竣工环保验收合格 3 个月后，稳定达到国家或地方的污染物排放标准、核定的主要污染物总量控制指标、污染物减排指标。

（3）填报《清洁生产审核验收申请表》，连同清洁生产审核报告、环境监测报告、清洁生产审核评估意见、清洁生产审核验收工作报告报送各省环保部门。

2. 企业清洁生产审核验收过程

企业清洁生产审核验收按照以下步骤进行。

（1）审阅《重点企业清洁生产审核评估、验收实施指南》第十二条所列有关文件资料。

（2）资料查询及现场考察，查验、对比企业相关历史统计报表（企业台账、物料使用、能源消耗等基本生产信息）等，对清洁生产方案的实施效果进行评估并验证，提出最终验收意见。

3. 企业清洁生产审核验收标准和内容

企业清洁生产审核验收的标准如下。

(1) 清洁生产审核验收工作报告如实反映了企业清洁生产审核评估之后的清洁生产工作。企业持续实施了清洁生产无/低费方案，并认真、及时地组织实施了清洁生产中/高费方案，达到了"节能、降耗、减污、增效"的目的。

(2) 根据源头削减、全过程控制原则实施了清洁生产方案，并对各清洁生产方案的经济和环境绩效进行了翔实统计和测算，其结果证明企业通过清洁生产审核达到了预期的清洁生产目标。

(3) 企业稳定达到国家或地方的污染物排放标准、核定的主要污染物总量控制指标、污染物减排指标。对于已经发布清洁生产标准的行业，企业达到相关行业清洁生产标准的三级或三级以上指标的要求。

(4) 企业生产现场不存在明显的"跑、冒、滴、漏"等现象。

(5) 报告中体现的已实施的清洁生产方案纳入了企业正常的生产过程。

验收结果分为"通过"和"不通过"两种。

4. 审核验收的重点领域

清洁生产审核验收的重点领域是火电、钢铁、有色、电镀、造纸、建材、石化、化工、制药、食品、酿造、印染等重污染行业和"三河三湖"等重点流域。验收的重点企业是"双超双有"企业，即污染物排放超过国家和地方规定的排放标准或者超过经有关地方人民政府核定的污染物排放总量控制指标的企业（通称"双超"企业），使用有毒、有害原料进行生产或者在生产中排放有毒、有害物质的企业（通称"双有"企业）。

第七章

安全与环保管理

安全管理是管理中的一个具体的领域，狭义的安全管理是指对人类生产劳动过程中的事故和防止事故发生的管理。从广义上来说，安全管理是指对物质世界的一切运动按对人类的生存、发展、繁衍有利的目标所进行的管理和控制。从化工企业生产角度来说所谓的安全管理主要是指狭义上的安全管理。

第一节　安全管理制度

企业是安全生产的主体。为了安全生产与职工健康，企业必须依据国家有关安全生产的法律、规章、标准和本企业的特点制定安全管理制度。安全管理制度一般包括以下几个方面的制度：①安全生产责任制度；②安全教育制度；③安全考核制度；④安全作业证制度；⑤安全检查制度；⑥安全技术措施管理制度；⑦安全事故管理制度；⑧事故应急救援制度。此外，还应根据本企业具体情况制定有关危险化学品、锅炉、压力容器、车辆等特种设备以及职业危害因素的管理制度。安全生产责任制度是企业安全管理制度的核心。

一、安全标准与规章制度

为保护人和物品的安全性而制定的标准，称为安全标准。安全技术标准从其适用范围可分为国际标准、国家标准、部颁标准、企业标准等几种。安全标准一般均为强制性标准，通过法律或法令形式规定强制执行。

规章制度包括法规、规程和条例三项基本内容。

　　法规是根据宪法和法律所制定的具有法律效力的文件。与安全有关的法规有《国务院关于特大安全事故行政责任追究的规定》等。

　　安全规程是根据安全标准制定的工作标准、程序或步骤，是为执行某种制度而作的具体规定和对生产者进行安全指导的细则，如《固定式压力容器安全技术监察规程》《化工设备安全检修规程》等。

　　安全条例是由国家机关制定、批准的在安全生产领域的某一方面具有法律效力的文件。

　　作为企业安全重要支柱的安全标准与规章制度，是安全生产的重要保证。各种安全标准和规程在相当广的范围内起到了普遍的指导作用，避免大量重复事故的发生，保证了生产的正常进行。

二、安全生产责任制

　　企业安全生产工作人人有责，从公司经理、工厂厂长、车间主任、工段长到生产岗位的班组长，管理职能部门的工作人员以及全体职工，都应该在各自的岗位工作范围内对实现安全生产和清洁文明生产负责。企业应有安全生产责任制度和监督制度，实行自上而下的行政管理和自下而上的群众监督，以达到安全生产的目的。

三、安全培训与教育

　　安全培训是化工企业安全管理工作的一项重要任务，是安全生产的重要环节。

（一）安全培训

　　安全培训包括以下内容。

　　1. 安全思想教育

　　安全思想教育主要是解决广大职工对安全生产重要性的思想认识，以提高全体领导和职工的安全思想素质，使之从思想上和理论上认清安全与生产的辩证关系，确立"安全第一""生产服从安全""安全生产，人人有责"的安全基本思想。

　　2. 劳动保护方针政策教育

　　劳动保护方针政策教育包括对企业各级领导和广大职工进行国家政府的安全生产方针、劳动保护政策法规的宣传教育，以提高各级领导和广大职工贯彻执行这些政策、法规的自觉性，增强责任感和法制观念。

3. 安全技术教育

安全技术教育内容包括一般技术知识、一般安全技术知识、专业安全技术知识和安全工程科学技术知识。安全技术教育的目的，是全面提高职工的自我防护、预防事故、事故急救、事故处理的基本能力。

（二）安全教育

我国化工企业安全培训教育的主要采取厂级、车间级、工段或班组岗位级的"三级"安全教育形式。

1. 厂级教育

厂级教育通常是企业安全管理部门对新职工、实习和培训人员、外来人员等在其没有分配岗位工作或进入现场之前所进行的初步安全生产教育。教育内容包括：本企业安全生产情况，安全生产有关文件和安全生产的意义，本企业的生产特点、危险因素、特殊危险区域，以及本企业主要规章制度、厂史安全生产重大事故和一般安全技术知识。

2. 车间教育

车间教育是由车间安全员（或车间领导）对接受厂级安全教育后进入车间的新职工、实习和培训人员进行的安全教育。内容包括：本车间概况，车间的劳动规则和注意事项，车间的危险因素、危险区域和危险作业情况，车间的安全生产和管理情况。

3. 岗位教育

岗位教育是新职工、实习和培训人员进入固定工作岗位开始工作之前，由班组安全员（或工段长、班组长）进行的安全教育。内容包括：本工段、本班组安全生产概况和职责范围，岗位工作性质、岗位安全操作法和安全注意事项，设备安全操作及安全装置、防护设施使用，工作环境卫生事故，危险地点，个人劳保和防护用品的使用与保管常识。

对从事特殊工种（如电气、起重、锅炉与压力容器、电焊、危险物资管理及运输等）的人员必须进行专门的教育和培训，通过有关部门的考试合格取得上岗资格证后才允许正式持证上岗工作。

（三）安全技术考核

企业安全技术管理部门对企业员工培训教育后，组织安全技术考核，成绩合格后，发给安全作业证，这样才能持证上岗工作。以后每年组织一次安全技术考核，合格成绩，记入安全作业证。

四、事故安全应急救援制度

（一）事故应急救援制度的必要性

事故现场急救如同战斗，既有高度的科学性，面对瞬息万变的情况又需要临机决断。许多事故案例表明，在重大生产事故中，企业自身如果没有科学严密的事故应急方案，事故现场急救过程必然缓慢甚至混乱，可能导致二次事故甚至连环事故，造成的损失必将成倍增加，甚至可能造成抢救人员伤亡。同时，政府和社会的应急救援是必不可少的。生产经营单位应当制定本单位生产安全事故应急救援预案，与所在地县级以上地方人民政府组织制定的生产安全事故应急救援预案相衔接，并定期组织演练。

（二）事故应急救援预案的编制

企业可按照《生产经营单位生产安全事故应急预案编制导则》（GB/T 29639—2020），根据风险评价的结果，针对重大危险源和突发事故制定相应的事故应急预案。应急预案应形成体系，针对各类可能发生的事故和所有危险源，制定专项应急预案和现场应急处置方案，并明确事前、事发、事中、事后的各个过程中相关部门和有关人员的职责。

综合应急预案是应对各类事故的综合性文件，它从总体上阐述本企业处理事故的应急方针、政策，应急组织结构及相关应急职责，应急行动、措施和保障等基本要求和程序等应对各类事故的综合性文件。

专项应急预案是针对具体的事故类别（如爆炸、危险化学品泄漏等事故）、危险源和应急保障而制订的计划或方案，是综合应急预案的组成部分，应按照综合应急预案的程序和要求组织制定，并作为综合应急预案的附件。专项应急预案应制定明确的救援程序和具体的应急救援措施。

现场处置方案是针对具体的装置、场所或设施、岗位所制定的应急处置措施。现场处置方案应具体、简单、针对性强。现场处置方案应根据风险评估及危险性控制措施逐一编制，做到事故相关人员熟练掌握，并通过应急演练，做到迅速反应、正确处置。对于一般事故也要事先制定现场处置方案，如停电、停水、停气等。停电又可分为瞬间停电、短期停电、长期停电、全厂停电和局部停电等不同情形，都要有相应的处置方案。

应急预案要有科学性，包括：对事故发生发展过程的科学预测，应急资源的科学评价，人员及机构的科学调度，应急程序的科学制定。预案要有系统性，即应包括危险分析和风险评价、应急能力评价、应急管理、应急措施（消防、人员抢救、物资供应、对外联络）等。预案时间跨度应该从应急准备到现场急救直至恢复生产。预案还要有实用性，即可操作性；有灵活性，即应有多种备选方案；有动态性，即不断修订、完善。

易燃易爆、有毒及有害物质的泄漏，常常是安全事故的起因或结果。泄漏处置是事故应急预案的重要内容。要制定泄漏源控制方案，以及时消除危险物质的泄漏，包括通过关闭有关阀门、停车等手段，切断泄漏源与其他设备、工段的联系，在可能的情况下制定堵漏方案。及时处理危险的泄漏物是防止二次事故的重要措施。应根据危险泄漏物的特点，预先制定泄漏物处理方案。例如，危险泄漏物是液体的，可以筑堤堵截并引流到比较安全的地点，防止其四处蔓延；如果该液体是易蒸发的，可用泡沫等覆盖其表面，抑制其蒸发；如果危险泄漏物形成蒸气如液氨，可用水枪等向蒸气云喷射雾状水，加速其向高空扩散或溶解。泄漏源堵漏和处理危险的泄漏物都是技术要求高、危险性很大的工作，必须由训练有素的人员来担任，抢救人员应佩戴好防护器具，并在统一指挥和有效监护下进行事故抢险与救护工作。

（三）事故应急预案的演练

事故应急预案演练的目的是使从业人员了解、熟悉应急预案，在演练中不断修订、完善预案。事故应急预案的演练包括桌面演练、功能演练和全面演练。桌面演练即指挥系统演练，功能演练即专项演练（如灭火演练），全面演练即从实战出发进行系统的演练。

五、安全检查制度

安全检查的基本任务是查找生产中存在的安全隐患，监督各项安全规章制度的执行。安全检查是安全管理的重要手段，它包括企业自身进行的检查，也包括由地方政府部门、行业主管部门组织的检查。企业应制定安全检查制度和安全检查计划，使安全检查工作制度化、规范化。

（1）企业定期安全检查　如结合年度大修进行设备内外部检查。

（2）专业性安全检查　如安全装置、电气安全、锅炉和压力容器、防火防爆、防毒防尘、运输车辆等。

（3）季节性安全检查　如防暑降温、防雷电、防雨防洪、防冻保暖等。

（4）经常性安全检查　一般厂级每年不少于四次（含节假日检查），车间级每月不少于一次，班组级每周一次。

安全检查是发现危险因素的手段，安全整改是为了采取措施消除危险因素，把事故苗头消灭在事故发生之前，以保证安全生产。不论何种类型的安全检查，都要讲究实效。每次安全检查都要本着对安全生产、对广大职工的安全健康高度负责的精神，认真贯彻"边检查、边整改"的原则，积极广泛地发动群众搞好整改。对检查出来的问题，必须做到条条有着落，件件有交代。

第二节　环境管理

一、环境管理的基本职能

环境管理的基本职能是规划、协调、指导和监督四个方面，其中主要是监督职能。

二、环境管理的八项制度

（一）"三同时"制度

"三同时"制度是指新建、改建、扩建项目和技术改造项目以及区域性开发建设项目的污染治理设施必须与主体工程同时设计、同时施工、同时投产的制度。

（二）环境影响评价制度

环境影响评价是对可能影响环境的重大工程建设、区域开发建设及区域经济发展规划或其他一切可能影响环境的活动，在事前进行调查研究的基础上，对活动可能引起的环境影响进行预测和评定，为防止和减少这种影响制订最佳行动方案。

（三）排污收费制度

排污收费制度是指一切向环境排放污染物的单位和个体生产经营者，应当依照国家的规定和标准，缴纳一定费用的制度。

（四）环境保护目标责任制

环境保护目标责任制是一种具体落实地方各级人民政府和有污染的单位对环

境质量负责的行政管理制度。

（五）城市环境综合整治定量考核

城市环境综合整治就是在市政府的统一领导下，以城市生态理论为指导，以发挥城市综合功能和整体最佳效益为前提，采用系统分析的方法，从总体上找出制约和影响城市生态系统发展的综合因素，理顺经济建设、城市建设和环境建设的相互依存、相互制约的辩证关系，用综合的对策整治、调控、保护和塑造城市环境，为城市人民群众创建一个适宜的生态环境，使城市生态系统良性发展。

该制度的考核内容包括 5 个方面，21 项指标。5 个方面是大气环境保护、水环境保护、噪声控制、固体废弃物处置、绿化。21 项指标如下：大气总悬浮微粒年日平均值，二氧化硫年日平均值，饮用水源水质达标率，地面水 COD 平均值，区域环境噪声平均值，城市交通干线噪声平均值，城市小区环境噪声达标率，烟尘控制区覆盖率，工业尾气达标率，汽车尾气达标率，万元产值工业废水排放量，工业废水处理率，工业废水处理达标率，工业固体废物综合利用率，工业固体废物处理处置率，城市气化率，城市热化率，民用型煤普及率，城市污水处理率，生活垃圾清运率和城市人均绿地面积。

（六）污染集中控制

污染集中控制是在一个特定的范围内，为保护环境所建立的集中治理设施和采用的管理措施，是强化环境管理的一种重要手段。

（七）排污申报登记与排污许可证制度

排污申报登记制度是环境行政管理的一项特别制度，凡是排放污染物的单位，须按规定向环境保护管理部门申报登记所拥有的污染物排放设施、污染物处理设施，以及正常作业条件下排放污染物的种类、数量和浓度。

排污许可制度以改善环境质量为目标，以污染物总量控制为基础，规定排污单位许可排放什么污染物、许可污染物排放量、许可污染物排放去向等，是一项具有法律含义的行政管理制度。

（八）限期治理污染制度

限期治理是以污染源调查、评价为基础，以环境保护规划为依据，突出重点，分期分批地对污染危害严重、群众反映强烈的污染物、污染源、污染区域采取的限定治理时间、治理内容及治理效果的强制性措施，是人民政府为了保护人民的利益对排污单位采取的法律手段。被限期的企业事业单位必须依法完成限期治理任务。

三、工业企业环境管理体制

工业企业环境管理体制是在企业内部建立全套从领导、职能科室到基层单位以及班组，在污染预防与治理、资源节约与再生、环境设计与改进以及遵守政府的有关法律法规等方面的各种规定、标准、制度甚至操作规程等，并有相应的监督检查制度，以保证在企业生产经营的各个环节中得到执行。

我国颁布的环境保护条例中明确规定，厂长、经理在环境保护方面对国家应负法律责任。企业的最高管理者的环境保护意识对企业的环境管理具有关键性的作用。

化工企业的环境管理具有突出的综合性、系统性、全员性、全过程性及专业性等特点，因此它必须渗透到企业全体员工和各项管理之中，同企业生产经营管理紧密结合。只有这样，企业环境管理才能得到真正的实现。

企业环境管理的基础在基层，环境管理要落实到车间与岗位，建立厂部、车间及班组的企业环境管理网络，明确相应的管理人员及职责，使企业环境管理工作在厂长、经理的领导下，通过企业自上而下的分级管理、自下而上的群众监督，才能得到有力、有效的实施。

企业环境管理机构的职能与职责如下。

（一）基本职能

（1）组织编制企业环境保护计划与规划。

（2）组织、协调环境保护管理工作。

（3）实施企业环境监测及报告。

（二）主要工作职责

（1）督促、检查本企业执行国家环境保护方针、政策、法规。

（2）按照国家和地区的规定制定本企业污染物排放控制指标和环境保护监督管理办法。

（3）组织污染源调查和环境监测，检查企业环境质量状况及发展趋势，监督全厂环境保护设施的运行与污染物达标排放。

（4）负责企业清洁生产的筹划、组织与推动。

（5）会同有关单位做好环境预测，负责本企业环境污染事故的调查与处理，制定企业环境保护长远规划和年度计划，并督促实施。

（6）会同有关部门组织开展企业环境科研以及环境保护技术情报的交流，以推广国内外先进的防治技术和经验。

（7）开展环境保护教育活动，普及环境科学知识，提高企业员工环境保护意识。

（8）组织环保事故调查处理等管理工作。

第三节　HSE 管理体系

20 世纪 80 年代后期，国际上发生了几次石油化工生产重大事故，引起了国际工业界的普遍关注，大家都深深认识到，像石油石化等高风险作业，必须采取有效、完善的 HSE 管理系统才能避免重大事故的发生。1991 年，在荷兰海牙召开了第一届油气勘探、开发的健康、安全、环保国际会议，HSE 管理这一概念逐步为大家所接受。

一、 HSE 管理体系

HSE 是英文 health、safety、environment 的缩写，即健康、安全、环境，也就是健康、安全、环境一体化管理。H（健康）是指人身体上没有疾病，在心理上保持一种完好的状态；S（安全）是指在劳动生产过程中，努力改善劳动条件、克服不安全因素，使劳动生产在保证劳动者健康、企业财产不受损失、人民生命安全的前提下顺利进行；E（环境）是指与人类密切相关的、影响人类生活和生产活动的各种自然力量或作用的总和，它不仅包括各种自然因素的组合，还包括人类与自然因素间相互形成的生态关系的组合。由于安全、环境与健康管理在实际生产活动中有着密不可分的联系，因而把健康、安全、环境整合在一起形成一个管理体系，称为 HSE 管理体系。HSE 管理体系是三位一体的管理体系。

二、建立 HSE 管理体系必要性

（一）现有管理体系的不足

现有管理体系难以满足建立现代化企业管理的要求，主要表现几个方面。

（1）企业虽然有一套现行的有效的管理方式和管理制度，但它们各管一方，健康、安全与环境管理有时各行一套，未形成科学、系统、持续改进的管理体系。

（2）在健康、安全与环境管理的思维模式上与国外先进的管理思想存在较大的差距，如普遍缺乏国外的高层承诺和"零事故"思维模式。

（3）缺乏现代化企业健康、安全与环境管理所要求的系统管理方法和科学管理模式。

（二）石油行业的特点

石油行业是一种高风险的行业，健康、安全和环境风险同时伴生，应同时管理。

（1）石油企业的健康、安全与环境事故往往是相互关联的，必须同时加以控制。

（2）ISO 质量管理体系和 ISO14000 环境管理体系都是先进的管理体系，其中也包括了一些健康、安全要素，但主要分别是针对质量和环境的，未形成一个整体。

（三）建立 HSE 管理体系的重要性

（1）国际上几乎所有大型石油天然气企业都在推行这一先进的 HSE 管理模式。

（2）良好的 HSE 管理是进入国际市场的准入证。

（3）可保证 HSE 管理水平的不断提高，提高企业的名声，增加在国际市场上的竞争力。

三、建立 HSE 管理体系的目的

（1）满足政府对健康、安全和环境的法律、法规要求。

（2）为企业提出的总方针、总目标以及各方面具体目标的实现提供保证。

（3）减少事故发生，保证员工的健康与安全，保护企业的财产不受损失。

（4）保护环境，满足可持续发展的要求。

（5）提高原材料和能源利用率，保护自然资源，增加经济效益。

（6）减少医疗、赔偿、财产损失费用，降低保险费用。

（7）满足公众的期望，保持良好的公共和社会关系。

（8）维护企业的名誉，增强市场竞争能力。

四、 HSE 管理体系的要素及其主要内容

管理体系要素是指为了建立和实施体系，将 HSE 管理体系划分成一些具有相

对独立性的条款。从一些大型石油企业所建立的体系来看，分为几个到十几个一级要素的都有，因此要素的数目，即结构的形式如何，要根据自己企业的情况灵活确定。但是，综合分析一下这些管理体系，它们的结构模式和基本框架都是基本相同的。目前，世界上各个大型石油企业都在相互学习对方的 HSE 管理经验，取长补短，这种开发的形势使得各大石油公司的 HSE 管理体系在保持自己的特点的基础上，结构和要素逐渐趋于一致。HSE 管理体系的要素和内容如表 7-1 所示。

表 7-1　HSE 管理体系的要素和内容

要素	主要内容
领导和承诺	自上而下的承诺，建立和维护 HSE 企业文化
方针和战略目标	健康、安全与环境管理的意图，行动的原则，改善 HSE 管理的表现水平的目标
组织机构、资源与文件管理	人员组织、资源和完善的 HSE 体系文件
评价和风险管理	对活动、产品及服务中健康、安全与环境风险的确定和评价，以及风险控制措施的制定
规划	工作活动的实施计划，包括通过一套风险管理程序来选择风险削减措施，对现有的操作规划的变更管理，制定应急反应措施等
实施和监控	活动的执行和监测
审核和评审	对体系执行效果和适应性的定期评价

第四节　环境保护基础

化工生产的特点之一是产生的废气、废液和固体废物较多，如果不经处理而排放，大多数能造成环境污染。对于化工企业来说，减少"三废"排放数量，治理污染，有利于创造良好的工作环境，有利于员工身体健康，更是企业义不容辞的社会责任。

一、我国环境形势

多年来，我国将环境保护列为基本国策，制定了一系列环境保护的法律，采取了一系列重大政策措施，大力发展循环经济，积极发展环保产业。在国民经济快速增长、人民群众消费水平显著提高的情况下，近年来全国环境质量基本稳定，大多数主要污染物排放总量得到控制，工业产品的污染排放强度下降，重点流域、区域环境治理不断推进，生态保护和治理得到加强。但是，我国环境形势依然严峻，主要污染物排放量超过环境承载能力，许多城市空气污染严重，酸雨污染加重，雾霾天数增多；流经城市的河段普遍受到污染；近岸海域污染加剧，持久性有机污染物的危害开始显现。

截止到现在，全国土壤污染总的点位超标率为16.1%，其中轻微、轻度、中度和重度污染点位比例分别为11.2%、2.3%、1.5%和1.1%。污染类型以无机型为主，有机型次之，复合型污染比重较小，无机污染物超标点位数占全部超标点位的82.8%。土壤污染具有隐蔽性、长期性和不易修复等特点，严重威胁粮食安全和食物安全。同时，我国生态破坏严重，水土流失量大、面广，荒漠化、草原退化加剧，生物多样性减少，生态系统功能退化。我国噪声污染和电磁污染已经到了不可忽视的程度，核与辐射环境安全也存在隐患。发达国家上百年工业化过程中分阶段出现的环境问题在我国近20多年来集中出现，呈现结构型、复合型、压缩型的特点。环境污染和生态破坏造成了巨大经济损失，危害群众健康，影响社会稳定和环境安全。

化工企业对环境污染负有重大责任。不少化工企业废气、废水和废渣排放数量巨大，有的化工企业"三废"排放仍达不到标准要求。由安全生产事故导致的突发性重大水污染事件时有发生。全国约有1.2万座尾矿库，其中危、险、病库占12.4%，对周围水和土壤环境污染严重。此外，仍有198.2万吨铬渣亟待处置。在全国排查的4.46万家化学品企业中，不少分布在长江、黄河、珠江、太湖等重点流域沿岸，距离饮用水水源保护重要生态功能区等环境敏感区不足1km的占12.2%，严重威胁水源和生态。

加强环境保护，有利于促进经济结构调整和增长方式转变，实现更好、更快的发展；有利于带动环保和相关产业发展，培育新的经济增长点和增加就业；有利于提高全社会的环境意识和道德素质，促进社会主义精神文明建设；有利于保障人民群众身体健康，提高生活质量和延长人均寿命；有利于维护中华民族的长远利益；为子孙后代留下良好的生存和发展空间。作为化工企业，控制污染保护环境责无旁贷。

二、我国有关环境保护的法律法规

（一）有关环境保护的法律法规

我国有关环境保护的法律主要有《中华人民共和国环境保护法》（以下简称《环境保护法》）、《中华人民共和国大气污染防治法》（以下简称《大气污染防治法》）、《中华人民共和国水污染防治法》（以下简称《水污染防治法》）、《中华人民共和国固体废物污染环境防治法》（以下简称《固体废物污染环境防治法》）、《中华人民共和国海洋环境保护法》《中华人民共和国放射性污染防治法》《中华人民共和国环境噪声污染防治法》《中华人民共和国清洁生产促进法》《中华人民共和国环境影响评价法》等。

国务院出台了一系列环境保护行政法规，几乎覆盖了所有环境保护行政管理领域，如《中华人民共和国水污染防治法实施细则》《中华人民共和国大气污染防治法实施细则》《放射性同位素与射线装置安全和防护条例》《中华人民共和国自然保护区条例》。还出台了《建设项目环境保护管理条例》等一系列建设项目环境保护管理办法。

我国已缔结并参加了许多环境保护国际公约、条约及议定书。2001 年 5 月，我国率先签署了《关于持久性有机污染物的斯德哥尔摩公约》，又称 POPs 公约。持久性有机污染物（POPs）是指通过各种环境介质（大气、水、生物体等）能够长距离迁移并长期存在于环境，具有长期残留性、生物蓄积性、半挥发性和高毒性，对人类健康和环境具有严重危害的天然或人工合成的有机污染物质。POPs 公约规定首批消除的 12 种持久性有机污染物是艾氏剂、狄氏剂、异狄氏剂、滴滴涕、七氯、氯丹、灭蚁灵、毒杀芬、六氯苯、多氯联苯、二噁英和呋喃。2009 年和 2011 年 POPs 公约缔约方大会通过修正案，又增加了 10 种物质。2013 年 8 月 20 日，全国人大常委会通过以上修正案。

（二）《环境保护法》

《环境保护法》是环境保护的基本法律，其他有关环境保护的法律法规多是根据《环境保护法》制定的。为保护和改善生活环境与生态环境，防治污染和其他公害，保障人民身体健康，促进社会主义现代化建设的发展，2014 年 4 月 24 日，全国人大常委会通过了修改后的《中华人民共和国环境保护法》，自 2015 年 1 月 1 日施行。

《环境保护法》规定：保护环境是国家的基本国策；县级以上地方人民政府环境保护行政主管部门对本辖区的环境保护工作实施统一监督管理；地方各级人民政府应当对本辖区的环境质量负责；企业事业单位和其他生产经营者应当防止、减少环境污染和生态破坏，对所造成的损害依法承担责任。

《环境保护法》规定：环境保护坚持"保护优先、预防为主、综合治理、公众参与、损害担责"的原则，并规定了下述十几项有关环境保护的法律制度。这些制度在《大气污染防治法》和《水污染防治法》等法律法规中，都有相同或类似的规定。

1. 环境监测制度与环境状况公报制度

国务院环境保护行政主管部门制定监测规范，会同有关部门组织监测网络，加强对环境监测的管理。国务院和省、自治区、直辖市人民政府的环境保护行政主管部门，应当定期发布环境状况公报。

2. 环境监管制度和举报制度

县级以上人民政府环境保护行政主管部门或者其他依照法律规定行使环境监督管理权的部门，有权对管辖范围内的排污单位进行现场检查。被检查的单位应当如实反映情况，提供必要的资料。一切单位和个人都有保护环境的义务，并有权对污染和破坏环境的单位和个人进行检举和控告。

3. 环境影响评价与"三同时"制度

建设项目的环境影响报告书必须对建设项目产生的污染和对环境的影响做出评价。规定防治措施，经项目主管部门预审并依照规定的程序报环境保护行政主管部门批准。环境影响报告书经批准后，计划部门方可批准建设项目设计任务书。建设项目未履行环评审批程序即擅自开工建设或者擅自投产的，责令其停建或者停产，补办环评手续，并追究有关人员的责任。对生态治理工程实行充分论证和评估。对超过污染物总量控制指标、生态破坏严重或者尚未完成生态恢复任务的地区，暂停审批新增污染物排放总量和对生态有较大影响的建设项目。《环境保护法》规定：新建工业企业和现有工业企业的技术改造，应当采用资源利用率高、污染物排放量少的设备和工艺，采用经济合理的废弃物综合利用技术和污染物处理技术。建设项目中防治污染的设施必须与主体工程同时设计、同时施工、同时投产使用。防治污染的设施必须经原审批环境影响报告书的环境保护行政主管部门验收合格后，该建设项目方可投入生产或者使用。防治污染的设施不得擅自拆除或者闲置，确有必要拆除或者闲置的，必须征得所在地的环境保护行政主管部门的同意。

4. 环境保护责任制度与限期治理制度

产生环境污染和其他公害的单位必须把环境保护工作纳入计划，建立环境保护责任制度；采取有效措施，防治在生产建设或者其他活动中产生的废气、废水、废渣、粉尘、恶臭气体、放射性物质以及噪声振动、电磁波辐射等对环境的污染和危害。生产、储存、运输、销售、使用有毒化学物品和含有放射性物质的物品，必须遵守国家有关规定，防止污染环境。《环境保护法》规定：对不能稳定达标或超总量的排污单位实行限期治理，有关企业事业单位必须如期完成治理任务。治理期间应予限产、限排，并不得建设增加污染物排放总量的项目；逾期未完成治理任务的，责令其停产整治。

5. 申报登记与排污收费制度

排放污染物的企业事业单位必须依照国务院环境保护行政主管部门的规定申报登记；排放污染物超过国家或者地方规定的污染物排放标准的，应依照国家规定缴纳超标准排污费，并负责治理。征收的超标准排污费必须用于污染的防治，不得挪作他用。征收排污费制度的实质是排污者由于向环境排放了污染物，对环境造成了损害，应当承担一定的补偿责任，征收排污费就是进行这种补偿的一种形式。这种制度体现了污染者负担的原则，实行这种制度可以有效地促使污染者积极治理污染，所以它也是推行环境保护的一种必要手段。

6. 污染事件应急预案与报告制度

严格执行突发环境事件应急预案，地方各级人民政府要按照有关规定全面负责突发环境事件应急处置工作，国家生态环境部及国务院相关部门根据情况给予协调支援。可能发生重大污染事故的企业事业单位，应当采取措施，加强防范。因事故或者其他突然性事件造成或者可能造成污染事故的单位，必须立即采取措施处理，及时通报可能受到污染危害的单位和居民，并向当地环境保护行政主管部门和有关部门报告，接受调查处理。县级以上人民政府环境保护行政主管部门，在环境受到严重污染威胁居民生命财产安全时，必须立即向当地人民政府报告，由人民政府采取有效措施，解除或者减轻危害。

7. 污染危害赔偿制度

造成环境污染危害的，有责任排除危害，并对直接受到损害的单位或者个人赔偿损失。赔偿责任和赔偿金额的纠纷，可以根据当事人的请求，由环境保护行政主管部门或者其他依照法律规定行使环境监督管理权的部门处理；当事人对处理决定不服的，可以向人民法院起诉。当事人也可以直接向人民法院起诉。完全由于不可抗拒的自然灾害，并经及时采取合理措施，仍然不能避免造成环境污染损害的，免予承担责任。

（三）环境标准

环境标准是具有法律性质的技术标准，是国家为了维护环境质量、实施污染控制，而按照法定程序制定的各种技术规范的总称。我国的环境标准由国家生态环境部制定，共分五类三级。"三级"指环境标准的三个级别，即国家环境标准、国家生态环境部标准及地方环境标准。"五类"指五种类型的环境标准，包括环境质量标准、污染物排放标准、环境基础标准、环境监测方法标准及环境标准样品标准。地方级环境标准只包括环境质量标准和污染物排放标准。凡颁布地方污染物排放标准的地区，执行地方污染物排放标准，地方标准未做出规定的，仍执行国家标准。

附 录

附录 1　生产火灾危险分类

生产类别	使用或产生下列物质的生产的火灾危险性特征
甲	(1)闪点小于 28℃ 的液体 (2)爆炸下限小于 10% 的气体 (3)常温下能自行分解或在空气中氧化能导致迅速自燃或爆炸的物质 (4)常温下受到水或空气中水蒸气的作用,能产生可燃气体并引起燃烧或爆炸的物质 (5)遇酸、受热、撞击、摩擦、催化以及遇有机物或硫黄等易燃的无机物,极易引起燃烧或爆炸的强氧化剂 (6)受撞击、摩擦或与氧化剂、有机物接触时能引起燃烧或爆炸的物质 (7)在密闭设备内操作温度大于等于物质本身自燃点的生产
乙	(1)闪点大于等于 28℃,但小于 60℃ 的液体 (2)爆炸下限大于等于 10% 的气体 (3)不属于甲类的氧化剂 (4)不属于甲类的化学易燃危险固体 (5)助燃气体 (6)能与空气形成爆炸性混合物的浮游状态的粉尘、纤维和闪点大于等于 60℃ 的液体雾滴
丙	(1)闪点大于等于 60℃ 的液体 (2)可燃固体
丁	(1)对不燃烧物质进行加工,并在高温或熔化状态下经常产生强辐射热、火花或火焰的生产 (2)利用气体、液体、固体作为燃料或将气体、液体进行燃烧作其他用的各种生产 (3)常温下使用或加工难燃烧物质的生产
戊	常温下使用或加工不燃烧物质的生产

附录 2　储存物品火灾危险分类

储存类别	储存物品的火灾危险性特征
甲	(1)闪点小于28℃的液体 (2)爆炸下限小于10%的气体,受到水或空气中水蒸气的作用能产生爆炸下限小于10%气体的固体物质 (3)常温下能自行分解或在空气中氧化能导致迅速自燃或爆炸的物质 (4)常温下受到水或空气中水蒸气的作用,能产生可燃气体并引起燃烧或爆炸的物质 (5)遇酸、受热、撞击、摩擦以及遇有机物或硫黄等易燃的无机物,极易引起燃烧或爆炸的强氧化剂 (6)受撞击、摩擦或与氧化剂、有机物接触时能引起燃烧或爆炸的物质
乙	(1)闪点大于等于28℃,但小于60℃的液体 (2)爆炸下限大于等于10%的气体 (3)不属于甲类的氧化剂 (4)不属于甲类的化学易燃危险固体 (5)助燃气体 (6)常温下与空气接触能缓慢氧化,积热不散引起自燃的物品
丙	(1)闪点大于等于60℃的液体 (2)可燃固体
丁	难燃烧物品
戊	不燃烧物品

附录 3　电气设备防爆结构选型

爆炸危险区域		0区	1区					2区					
电气设备	防爆结构	本安型ia级	隔爆型d	正压型p	充油型o	增安型e	本安型ib级	本安型ib级	隔爆型d	正压型p	充油型o	增安型e	无火花型n
电动机	鼠笼型感应电动机		√	√		△			√	√		√	√
	绕线型感应电动机		△	△					√	√		√	×
	同步电动机		√	√		×			√	√		√	
	直流电动机		△	△					√	√			
	电磁滑差离合器(无电刷)		√	√		×			√			√	△

续表

爆炸危险区域 防爆结构 / 电气设备		0区	1区					2区					
		本安型 ia级	隔爆型 d	正压型 p	充油型 o	增安型 e	本安型 ib级	本安型 ib级	隔爆型 d	正压型 p	充油型 o	增安型 e	无火花型 n
变压器	变压器(包括启动用)		△	△	×				√	√	√	√	
	电抗线圈(包括启动用)		△	△	×				√	√	√	√	
	仪用互感器		△		×				√		√	√	
电器	刀开关、断路器		√						√				
	熔断器		△						√				
	控制开关及按钮	√	√		√		√	√	√		√		
	电抗启动器和自动补偿器		△				√					√	
	启动用金属电阻器		△	△	×				√	√			
	电磁阀用电磁铁		√		×				√				
	电磁摩擦制动器		△		×				√			△	
	操作箱、柱		√	√					√	√			
	控制盘		△	△					√	√			
	配电盘		△						√				
灯具	固定式灯具		√		×				√			√	
	移动式灯具		√						√				
	携带式灯具		√						√				
	指示灯		√		×				√			√	
	镇流器		√		△				√				
其他	信号、报警装置	√	√	√	×		√	√	√			√	
	插接装置		√						√				
	接线箱、盒		√		△				√				
	电气测量计(表)		√	√	×				√	√		√	

注：1. 表中符号：√为适用；△为慎用；×为不适用。

2. 绕线型感应电动机及同步电动机采用增安型时，其主体是增安型防爆机构，发生火花的部分是隔爆或正压型防爆机构。

3. 无火花型电动机在通风不良及户内具有比空气重的易燃物质区域内慎用。

4. 电抗启动器和启动补偿器采用增安型时，是指将隔爆机构的启动运转开关操作部件与增安型防爆机构的电抗线圈或单绕组变压器组成一体的结构。

5. 电磁摩擦制动器采用隔爆型时，是指将制动片、滚筒等机械部分也装入隔爆壳体内者。

6. 在2区内电气设备采用隔爆型时，是指除隔爆型外，也包括主要有火花部分为隔爆结构而外壳为增安型的混合结构。

附录4　职业病目录

类别	职业病名称
尘肺病	(1)硅肺;(2)煤工尘肺;(3)石墨尘肺;(4)炭黑尘肺;(5)石棉肺;(6)滑石尘肺;(7)水泥尘肺;(8)云母尘肺;(9)陶工尘肺;(10)铝尘肺;(11)电焊工尘肺;(12)铸工尘肺;(13)根据《尘肺病诊断标准》和《职业性尘肺病的病理诊断》可以诊断的其他尘肺病
其他呼吸系统疾病	(1)过敏性肺炎;(2)棉尘病;(3)哮喘;(4)金属及其化合物粉尘肺沉着病(锡、铁、锑、钡及其化合物等);(5)刺激性化学物所致慢性阻塞性肺疾病;(6)硬金属肺病
职业性化学中毒	(1)铅及其化合物中毒(不包括四乙基铅);(2)汞及其化合物中毒;(3)锰及其化合物中毒;(4)镉及其化合物中毒;(5)铍病;(6)铊及其化合物中毒;(7)钡及其化合物中毒;(8)钒及其化合物中毒;(9)磷及其化合物中毒;(10)砷及其化合物中毒;(11)铀及其化合物中毒;(12)砷化氢中毒;(13)氯气中毒;(14)二氧化硫中毒;(15)光气中毒;(16)氨中毒;(17)偏二甲基肼中毒;(18)氮氧化合物中毒;(19)一氧化碳中毒;(20)二硫化碳中毒;(21)硫化氢中毒;(22)磷化氢、磷化锌、磷化铝中毒;(23)氟及其无机化合物中毒;(24)氰及腈类化合物中毒;(25)四乙基铅中毒;(26)有机锡中毒;(27)羰基镍中毒;(28)苯中毒;(29)甲苯中毒;(30)二甲苯中毒;(31)正己烷中毒;(32)汽油中毒;(33)一甲胺中毒;(34)有机氟聚合物单体及其热裂解物中毒;(35)二氯乙烷中毒;(36)四氯化碳中毒;(37)氯乙烯中毒;(38)三氯乙烯中毒;(39)氯丙烯中毒;(40)氯丁二烯中毒;(41)苯的氨基及硝基化合物(不包括三硝基甲苯)中毒;(42)三硝基甲苯中毒;(43)甲醇中毒;(44)酚中毒;(45)五氯酚(钠)中毒;(46)甲醛中毒;(47)硫酸二甲酯中毒;(48)丙烯酰胺中毒;(49)二甲基甲酰胺中毒;(50)有机磷中毒;(51)氨基甲酸酯类中毒;(52)杀虫脒中毒;(53)溴甲烷中毒;(54)拟除虫菊酯类中毒;(55)铟及其化合物中毒;(56)溴丙烷中毒;(57)碘甲烷中毒;(58)氯乙酸中毒;(59)环氧乙烷中毒;(60)上述条目未提及的与职业有害因素接触之间存在直接因果联系的其他化学中毒
职业性皮肤病	(1)接触性皮炎;(2)光接触性皮炎;(3)电光性皮炎;(4)黑变病;(5)痤疮;(6)溃疡;(7)化学性皮肤灼伤;(8)白斑;(9)根据《职业性皮肤病的诊断总则》可以诊断的其他职业性皮肤病
职业性眼病	(1)化学性眼部灼伤;(2)电光性眼炎;(3)白内障(含辐射性白内障、三硝基甲苯白内障)
职业性耳鼻喉口腔疾病	(1)噪声聋;(2)铬鼻病;(3)牙酸蚀病;(4)爆震聋
物理因素所致职业病	(1)中暑;(2)减压病;(3)高原病;(4)航空病;(5)手臂振动病;(6)激光所致眼(角膜、晶状体、视网膜)损伤
职业性放射性疾病	(1)外照射急性放射病;(2)外照射亚急性放射病;(3)外照射慢性放射病;(4)内照射放射病;(5)放射性皮肤疾病;(6)放射性肿瘤(含矿工高氡暴露所致肺癌);(7)放射性骨损伤;(8)放射性甲状腺疾病;(9)放射性性腺疾病;(10)放射复合伤;(11)根据《职业性放射性疾病诊断标准(总则)》可以诊断的其他放射性损伤
职业性传染病	(1)炭疽;(2)森林脑炎;(3)布鲁氏菌病;(4)艾滋病(限于医疗卫生人员及人民警察);(5)莱姆病

续表

类别	职业病名称
职业性肿瘤	(1)石棉所致肺癌、间皮瘤;(2)联苯胺所致膀胱癌;(3)苯所致白血病;(4)氯甲醚、双氯甲醚所致肺癌;(5)砷及其化合物所致肺癌、皮肤癌;(6)氯乙烯所致肝血管肉瘤;(7)焦炉逸散物所致肺癌;(8)六价铬化合物所致肺癌;(9)毛沸石所致肺癌、胸膜间皮瘤;(10)煤焦油、煤焦油沥青、石油沥青所致皮肤癌;(11)β-萘胺所致膀胱癌
其他职业性	(1)金属烟热;(2)滑囊炎(限于井下工人);(3)股静脉血栓综合征、股动脉闭塞症或淋巴管闭塞症(限于刮研作业人员)

附录5　工作场所有害因素职业接触阈值

序号	毒物名称	最高容许含量/(mg/m³)	时间加权平均容许含量/(mg/m³)	短时间接触容许含量/(mg/m³)	备注
1	氨	—	20	30	
2	苯	—	6	10	皮
3	苯胺	—	3	—	皮
4	苯硫磷	—	0.5	—	皮
5	敌百虫	—	0.5	1	—
6	对硫磷	—	0.05	0.1	皮
7	二甲苯(全部异构体)	—	50	100	—
8	二硫化碳	—	5	10	皮
9	二氧化氮	—	5	10	
10	二氧化硫	—	5	10	
11	二氧化氯	—	0.3	0.8	
12	氟化氢(以F计)	2	—	—	
13	氟化物(不含氟化氢)(以F计)	—	2	5*	
14	金属汞(蒸气)	—	0.02	0.04	皮
15	甲拌磷	0.01	—	—	皮
16	甲苯(皮)	—	50	100	
17	甲醇	—	25	50	皮
18	甲醛	0.5	—	—	—
19	久效磷	—	0.1	—	皮
20	乐果	—	1	—	皮
21	硫化氢	10	—	—	—

续表

序号	毒物名称	最高容许含量 /(mg/m³)	时间加权平均容许含量 /(mg/m³)	短时间接触容许含量 /(mg/m³)	备注
22	硫酸二甲酯	—	0.5	—	皮
23	氯	1	—	—	—
24	马拉硫磷	—	2	—	皮
25	内吸磷	—	0.05	—	皮
26	砷化氢	0.03	—	—	—
27	硝基苯	—	2	—	皮
28	氧化乐果	—	0.15	—	皮
29	一氧化氮	—	15	—	—
30	一氧化碳(非高原)	—	20	30	—
	海拔 2000～3000m	20	—	—	—
	海拔＞3000m	15	—	—	—

注：1. 最高允许含量（MAC）指在工作地点、一个工作日内、任何时间均不应超过的有毒化学物质的含量。工作地点指劳动者从事职业活动或进行生产管理过程而经常或定时停留的地点。

2. 时间加权平均容许含量（PC-TWA）指以时间为权数规定的 8h 工作日、40h 工作周的平均容许接触浓度。

3. 短时间接触容许含量（PC-STEL）指在遵守 PC-TWA 前提下，容许短时间（15min）接触的浓度。

4. 工作场所指劳动者进行职业活动的全部地点。

5. *数值是根据"超限系数"推算的。

参考文献

[1] 毕明树，周一卉，孙洪玉．化工安全工程 [M]．北京：化学工业出版社，2014.

[2] 范小花．危险化学品安全管理 [M]．北京：石油工业出版社，2015.

[3] 国家安全生产监督管理总局．安全监管总局关于加强化工过程安全管理的指导意见 [Z]．2013.

[4] 国家安全生产监督管理总局．国家安全监管总局关于印发危险化学品从业单位安全生产标准化评审标准的通知 [Z]．2011.

[5] 国家安全生产监督管理总局．生产经营单位安全培训规定 [Z]．2013.

[6] 李德江，陈卫丰，胡为民．化工安全生产与环保技术 [M]．北京：化学工业出版社．2019.

[7] 李振花．化工安全概论 [M]．北京：化学工业出版社，2017.

[8] 刘建秋，董文庚，王春玉，等．煤化工安全与环保 [M]．北京：中国环境科学出版社，2015.

[9] 刘彦伟，朱兆华，徐丙根．化工安全技术厂 [M]．北京：化学工业出版社，2012.

[10] 刘作华．化工安全技术 [M]．重庆：重庆大学出版社，2018.

[11] 齐向阳，刘尚明，栾丽娜，等．化工安全与环保技术 [M]．北京：化学工业出版社，2016.

[12] 全国人大常委会．中华人民共和国安全生产法 [Z]．2014.

[13] 邵辉．化工安全 [M]．北京：冶金工业出版社，2015.

[14] 温路新．化工安全与环保 [M]．北京：科学出版社，2014.09.

[15] 徐国财．化工安全导论 [M]．北京：化学工业出版社，2010.

[16] 许文．化工安全工程概论 [M]．北京：化学工业出版社，2011.

[17] 闫晓琦．危险化学品的分类分项及法律体系 [M]．天津：南开大学出版社，2015.

[18] 杨娟．化工安全及环保技术研究 [M]．北京：中国商业出版社．2017.

[19] 臧利敏，杨超．材料及化工生产安全与环保 [M]．成都：电子科技大学出版社，2019.

[20] 张晓宇．化工安全与环保 [M]．北京：北京理工大学出版社，2020.

[21] 智恒平，魏葆婷．化工安全与环保 [M]．北京：化学工业出版社，2016.

[22] 智恒平．化工安全与环保 [M]．北京：化学工业出版社，2008.

[23] 中华人民共和国应急管理部．化工园区安全风险排查治理导则（试行）[Z]．2019.

[24] 中华人民共和国应急管理部．危险化学品企业安全风险隐患排查治理导则 [Z]．2019.

[25] 周涛，张婷．化工环保与安全 [M]．长沙：中南大学出版社．2020.

[26] 郭树才．煤化工工艺学 [M]．北京：化学工业出版社，2006.

[27] 冷宝林．环境保护基础 [M]．北京：化学工业出版社，2012.

[28] 刘建秋．清洁生产审核 [M]．北京：化学工业出版社，2014.

[29] 魏振枢．化工安全技术概论 [M]．北京：化学工业出版社，2008.

[30] 谢全安．煤化工安全与案例分析 [M]．北京：化学工业出版社，2011.

[31] 许文，张毅闽．化工安全工程概论 [M]．北京：化学工业出版社，2010.